【现代种植业实用技术系列】

小麦绿色优质高效栽培技术

主　　编　乔玉强

副 主 编　杜世州　曹承富

编写人员　赵　竹　康子领　李　玮
　　　　　吴子峰　张向前　陈　欢
　　　　　张　军　张存岭

时代出版传媒股份有限公司
安徽科学技术出版社

图书在版编目(CIP)数据

小麦绿色优质高效栽培技术 / 乔玉强主编. --合肥：安徽科学技术出版社，2022.12
助力乡村振兴出版计划. 现代种植业实用技术系列
ISBN 978-7-5337-6345-9

Ⅰ.①小… Ⅱ.①乔… Ⅲ.①小麦-高产栽培-栽培技术 Ⅳ.①S512.1

中国版本图书馆 CIP 数据核字(2022)第 215426 号

小麦绿色优质高效栽培技术 主编 乔玉强

出 版 人：丁凌云 选题策划：丁凌云 蒋贤骏 王筱文 责任编辑：陈芳芳
责任校对：戚革惠 责任印制：廖小青 装帧设计：王 艳
出版发行：安徽科学技术出版社 http://www.ahstp.net
(合肥市政务文化新区翡翠路 1118 号出版传媒广场，邮编：230071)
电话：(0551)63533330
印 制：安徽联众印刷有限公司 电话：(0551)65661327
(如发现印装质量问题，影响阅读，请与印刷厂商联系调换)

开本：720×1010 1/16 印张：8.75 字数：118 千
版次：2022 年 12 月第 1 版 印次：2022 年 12 月第 1 次印刷

ISBN 978-7-5337-6345-9 定价：39.00 元

出版说明

“助力乡村振兴出版计划”(以下简称“本计划”)以习近平新时代中国特色社会主义思想为指导，是在全国脱贫攻坚目标任务完成并向全面推进乡村振兴转进的重要历史时刻，由中共安徽省委宣传部主持实施的一项重点出版项目。

本计划以服务乡村振兴事业为出版定位，围绕乡村产业振兴、人才振兴、文化振兴、生态振兴和组织振兴展开，由《现代种植业实用技术》《现代养殖业实用技术》《新型农民职业技能提升》《现代农业科技与管理》《现代乡村社会治理》五个子系列组成，主要内容涵盖特色养殖业和疾病防控技术、特色种植业及病虫害绿色防控技术、集体经济发展、休闲农业和乡村旅游融合发展、新型农业经营主体培育、农村环境生态化治理、农村基层党建等。选题组织力求满足乡村振兴实务需求，编写内容努力做到通俗易懂。

本计划的呈现形式是以图书为主的融媒体出版物。图书的主要读者对象是新型农民、县乡村基层干部、“三农”工作者。为扩大传播面、提高传播效率，与图书出版同步，配套制作了部分精品音视频，在每册图书封底放置二维码，供扫码使用，以适应广大农民朋友的移动阅读需求。

本计划的编写和出版，代表了当前农业科研成果转化和普及的新进展，凝聚了乡村社会治理研究者和实务者的集体智慧，在此谨向有关单位和个人致以衷心的感谢！

虽然我们始终秉持高水平策划、高质量编写的精品出版理念，但因水平所限仍会有诸多不足和错漏之处，敬请广大读者提出宝贵意见和建议，以便修订再版时改正。

本册编写说明

小麦作为我国重要的口粮作物，在我国农业产业及国民经济的发展中占有举足轻重的地位。近年来，我国小麦生产取得长足进步。2021年，全国小麦平均亩产387.4千克，创历史最高水平。在促进产量提高的诸多因素中，除政策因素外，栽培技术、良种、化肥、水利、农药及机械均有重要贡献。其中，栽培技术发挥了尤为重要的作用，因为良种、化肥、农药等科技成果都是在栽培技术的统筹调控下发挥作用的。

依靠科技，走高产与优质、高效、绿色协同发展之路，实现小麦持续增产，确保其安全有效供给，是我国小麦生产长期而艰巨的任务，也是实现农民增收的必然选择。近年来，各级政府对小麦生产非常重视，围绕小麦绿色高产稳产主题，进行了连续不断的科技攻关和成果示范，对提高小麦生产技术水平起到了重要作用。多专业的协同攻关和大量的技术培训、科技示范、现场指导，极大地提高了农业科技人员和广大农民的科学种麦水平，取得了显著的社会和经济效益。

本书重点介绍了生产小麦的绿色优质高效栽培方法，是一本比较系统全面的著作，内容包含小麦专家和土壤、植物营养、栽培、机械和植保等专业领域的专家共同完成的实用技术。本书共由八部分组成，分别介绍了小麦产业发展现状、小麦高质量播种技术、小麦高光效群体构建、优质小麦化肥减量增效技术、有害生物绿色防控技术、防灾减灾技术、优质小麦生产基地建设及栽培技术和附录，附录主要介绍目前大面积推广的优质小麦新品种。愿此书的创作能助力小麦生产进入绿色优质高效时代，也希望小麦产业在此基础上高质量快速发展，实现小麦发展的美好前景。

目　录

第一章 小麦产业发展现状

小麦是世界上最早被驯化的作物之一，经过长期的发展，已经成为世界上分布最广、种植面积最大、总产最高、贸易额最大、营养价值最高的粮食作物。世界上有43个国家约40%的人口以小麦为主要食粮。小麦的生产、销售、加工、消费与人们的生活息息相关。近年来，我国小麦连续获得丰收，供给总量基本充足。但随着人们生活条件的改善和消费结构的优化，我国小麦的供需形势也发生了变化，消费者对优质强筋和优质弱筋小麦的需求不断上升。目前我国在小麦供给总量充足的情况下，每年仍需从国外进口400万吨左右的优质小麦用于满足专用面粉的生产。探索建立小麦生产功能区和保护区，构建优质专用小麦区域布局，加快优质专用小麦发展，推进供给侧结构性改革成为我国小麦产业发展的重要方向。

第一节 优质小麦的类型和小麦品质的概念

一 小麦分类

按播种季节，小麦可分为冬小麦和春小麦。我国以冬小麦为主，冬小麦的播种面积占小麦总播种面积的80%以上，产量占85%以上。冬小麦主要分布在河南、山东、河北、安徽、江苏、四川、陕西、甘肃、湖北等省，一般在10月播种，5—6月收获。春小麦主要分布在长城以北，主产地有黑龙江、内蒙古、甘肃、新疆、宁夏、青海等，一般在3—4月播种，7—8月收获。一般春小麦的蛋白质含量高于冬小麦，但春小麦的容重和出粉率均低于冬小麦。

小麦按皮色分为白皮小麦和红皮小麦。小麦籽粒颜色主要有红色、白色两种，除此之外，还有琥珀色、黄色、红黄色等过渡色。一般认为，皮层为白色、乳白色或黄白色的麦粒在90%以上的为白皮小麦，深红色、红褐色麦粒在90%以上的为红皮小麦。小麦籽粒颜色与营养品质和加工品质没有必然的联系。白皮小麦皮薄，胚乳含量多，出粉率较高；红皮小麦皮较厚，胚乳含量少，出粉率较低。一般而言，白皮小麦因加工的面粉麸星颜色浅、面粉颜色较白而受到面粉加工业和消费者的欢迎。红皮小麦籽粒休眠期长，抗穗发芽能力较强，因而在生产中也有重要意义。

按籽粒胚乳结构呈角质或软质的多少，小麦可分为硬质小麦（又称为"角质小麦"和"玻璃质小麦"，简称"硬麦"）和软质小麦（又称为"粉质小麦"，简称"软麦"）。角质又叫玻璃质，其胚乳结构紧密，呈半透明状；粉质胚乳结构疏松，呈石膏状。凡角质占籽粒横截面1/2以上的籽粒都可称为角质粒。含角质粒70%以上的小麦称为硬质小麦。硬质小麦的蛋白质和面筋含量较高，主要用于做面包等食品。角质特硬、面筋含量高的小麦称为硬粒小麦，适宜做通心粉、意大利面条等食品。角质占籽粒横断面1/2以下的籽粒称为粉质粒，含粉质粒70%以上的小麦称为软质小麦，软质小麦适合做饼干、糕点等。

二 小麦品质的基本含义

小麦品质通常指小麦籽粒对某种特定用途的适合性，或对制造某种食品要求的满足程度，可分为籽粒的外观品质、营养品质和加工品质。评价小麦品质应以籽粒、面粉、面团以及最终制品的物理、化学和营养性质的客观测定结果为依据。

1.外观品质

小麦籽粒外观品质指标包括籽粒形状、整齐度、饱满度、粒色、角质率等。这些品质指标不仅直接影响小麦的商品价值，而且与加工品质、营养品质关系密切。一般圆形和卵圆形籽粒的表面积小，容重高，出粉率高；

腹沟浅，千粒重高，小麦籽粒饱满，出粉率高。小麦籽粒品质包括千粒重、容重、角质率、硬度等，小麦籽粒品质与制粉品质和食用品质密切相关，尤其是出粉率、面粉灰分、白度等制粉品质。

2.营养品质

小麦营养丰富，富含淀粉、蛋白质、脂肪、矿物质、钙、铁、硫胺素、核黄素、烟酸、维生素A及维生素C等。小麦籽粒营养品质主要指蛋白质含量及氨基酸组成的平衡程度。普通小麦籽粒的蛋白质含量平均在13%左右，并含有多种人体必需的氨基酸，是完全蛋白质，但其氨基酸组成不平衡，第一限制性必需氨基酸是赖氨酸，其次是苏氨酸和异亮氨酸等。小麦的蛋白质品质包括蛋白质数量和质量。蛋白质数量指蛋白质含量和面筋数量，指标包括沉降值、面筋指数、伯尔辛克常数等。

3.加工品质

籽粒和面粉对制粉和制作不同食品的适合性称为加工品质。加工品质是一个相对概念，和小麦的类别有关。例如，硬质麦主要依其对制粉和面包烘烤的适合性而定，软质麦据其对制粉和糕点制作的适合性而定，硬粒小麦按其生产砂子粉和通心面的适合性而定。小麦加工成面粉的过程称为小麦的一次加工，由面粉制成各类面食品的过程称为小麦的二次加工。

（1）一次加工品质

一次加工品质又称制粉品质或磨粉品质，一般要求制粉时机具耗能要少，易碾磨，胚乳与麸皮易分开、易过筛、易清理，出粉率高，灰分低，粉色好等。反映磨粉品质的主要指标有出粉率、容重、硬度、面粉灰分和白度等。

出粉率指单位重量籽粒所磨出的面粉占籽粒重量的百分比。一般来说，籽粒大、整齐一致、密度大、饱满、腹沟浅、近圆形的籽粒出粉率高。生产特一精粉的出粉率大于70%和生产标准粉的出粉率大于80%的小麦品种，是面粉企业欢迎的。目前，一般国产普通小麦出粉率在65%以上，进口小麦出粉率在72%~75%。

容重是指一定容积内小麦籽粒重量，容重的单位是克/升。它能综合反映籽粒形状、整齐度、胚乳质地和含水量等指标。成熟度好、饱满、形状一致、硬质、相对密度大、含水量少的籽粒容重大。一般情况下，容重大，出粉率高，灰分含量低；同一品种，容重越高，商品质量越好。

硬度是指籽粒蛋白质与淀粉结合的紧密程度，可分为硬质、半硬质和粉质三类。硬度对胚乳与麸皮能否彻底分离、吸水率、籽粒磨碎的难易、面粉颗粒的大小分布及面粉的筛分、磨粉过程的能耗都有影响，从而影响面粉厂的生产效率和出粉率，并直接影响食品加工品质。硬质小麦碾磨时耗能多，但其胚乳易与麸皮分离，出粉率较高，面粉麸星少，色泽好，灰分少，形成的颗粒较大，易筛理。粉质小麦则相反。

白度是面粉精度的一个指标，取决于入磨小麦中杂质和不良小麦的数量、籽粒颜色（红、白）、胚乳的质地、面粉的粗细度（面粉颗粒大小）、出粉率和磨粉的工艺水平，以及面粉中的水分、黄色素、多酚氧化酶的含量。含水量过高或面粉颗粒过粗都会使面粉白度下降。新鲜面粉白度稍差，因为新鲜面粉内含有胡萝卜素，常呈微黄色，贮藏日久胡萝卜素被氧化，面粉颜色变白。面粉中所含的叶黄素、类胡萝卜素和黄酮类化合物等黄色素，是造成面粉颜色发黄的主要原因。通常软麦粉色比硬麦浅。我国小麦品种面粉白度在63.0%~81.5%。

灰分是各种矿物元素氧化物占籽粒或面粉的百分含量，是衡量面粉精度的重要指标，主要受出粉率和小麦清理程度影响，出粉率高，灰分含量增加。一般面粉精度越高，灰分含量越低，粉中含麸星也越少。发达国家规定面粉的灰分含量在0.5%以下，我国新制定的有关小麦专用粉标准为：面包粉灰分≤0.6%，面条和饺子粉等灰分≤0.55%。

（2）二次加工品质

二次加工品质又称食品制作品质，是评价籽粒和面粉品质的基本指标与依据，包括糊化特性、粉质特性和拉伸特性；主要指标有面筋含量，面筋质量，面团形成时间、稳定时间、沉降值、软化度、评价值、延伸性、最大抗延阻力等多项指标。其中，面团稳定时间和抗拉伸强度与面团品质关系最大。

小麦籽粒的淀粉特性和淀粉酶活性。小麦胚乳75%以上是淀粉，面粉的食用品质很大程度上受到淀粉糊化特性和淀粉酶活性的影响，评价淀粉特性主要应用黏度曲线和破损淀粉含量测定，评价淀粉酶的活性一般采用降落数值测定。

糊化特性。对面条、馒头、饺子等中国传统食品品质影响最大的是面粉中的淀粉，而不是蛋白质。淀粉特性主要包括淀粉颗粒大小、破损程度、直/支链淀粉比例以及糊化特性等。其中，淀粉糊化特性是反映淀粉品质的重要指标，对面条等食品的食用品质有重要影响。糊化特性是评价淀粉品质的重要指标。有研究表明，峰值黏度与挂面的品质呈正相关，衰减值、最终黏度与挂面的品质呈负相关；回生值越小，糊化温度越高，直链淀粉含量越高。黏度特性不仅反映了小麦淀粉的糊化特性，还可以从一定程度上反映样品的α–淀粉酶活性，是衡量小麦粉品质和食品加工品质的主要指标。峰值黏度与面条弹性、韧性和食用品质呈极显著正相关，峰值黏度值过低时，酶的活性过强，面团发黏，无论做面包、糕点还是做面条都对操作不利，制粉品质也差。糊化峰值黏度、崩解值越大，面条的弹性、咀嚼度和感官品质越好；糊化衰减度越大、糊化温度越高，面条的品质越差。

粉质特性。粉质特性是面团的流变学特性之一，主要反映面粉筋力的强弱。面团的吸水率主要受面筋蛋白和淀粉含量的影响，面筋蛋白表面有很多亲水基团，其亲水性高于淀粉，但淀粉的吸水速度快于面筋蛋白。面团的弱化度表示面团对机械搅拌的承受能力，弱化度越大，面筋质量越差。形成时间是反映面筋质量和数量的重要指标，形成时间较长，表明其面筋含量较高，且面筋质量较好，麦醇溶蛋白和麦谷蛋白比例合适，形成的面筋网络具有适中的弹性和延伸性，反之则较短。面团稳定时间与混合粉面筋强度相关，稳定时间长表明混合粉筋力强、耐揉性好；稳定时间短表明面团筋力减弱，搅拌耐力下降。相关报道显示，当面粉的面团稳定时间达到2分钟时，仍然可制作比较好的馒头和面条。

拉伸特性。拉伸特性是面团的又一流变学特性，指面团在外力作用下发生变形，外力消除后，面团会部分恢复原来状态，表现出塑性和弹性。不同品质的面粉形成的面团变形的程度以及抗变形阻力差异不大，这种物理特性称为面团的延展特性，是面团形成后的流变学特性。延伸度指拉伸曲线横坐标的长度，代表了面团的可塑性。拉伸阻力则表示面团的强度和筋力，即面团横向延伸时的阻抗性，其大小是面团纵向弹性好坏的标志。而最大拉伸阻力大小代表面团韧性的好坏。面团有一定的拉伸阻力才能保持住内部气体，从而维持其体积。拉伸曲线面积是面团在拉伸过程中延伸度与阻力的乘积，代表了面团从拉伸到拉断所需的总能量，反映了面团的弹韧性，主要受到麦谷蛋白含量的影响。拉伸比是面团的最大拉伸阻力与延伸度的比值，拉伸比过大表明面团的筋力过强，延伸性太差，反之则筋力太弱，无法保持气体而难以醒发。

面筋含量。面筋是小麦籽粒中蛋白质的一种特殊存在形式。将小麦面粉和水揉成面团，再将面团在水中揉洗，面团中的淀粉和麸皮等固体物质渐渐脱离面团而悬浮于水中，另一部分可溶物质溶于水中，最后剩下的具有弹性、延展性和黏性的物质，就是面筋。面筋的含量和质量与小麦面粉的加工品质和营养品质关系极为密切，是衡量小麦面粉品质的十分重要的指标。小麦面筋包括干、湿两种，以湿面筋含量最为常用。湿面筋含2/3的水、1/3的干物质，是衡量面粉品质最关键的指标。通常专用小麦品种类型不同，要求面筋含量和筋力强度不同。面包小麦要求湿面筋含量较高（≥35%），且强度较高；而饼干小麦需要面筋含量较低（≤22%），且筋力较弱；中等筋力和湿面筋含量的面粉适合做面条、馒头等中国传统主食食品。国外根据湿面筋含量将小麦面粉分为四个等级：大于30%的为高筋粉，26%~30%的为中筋粉，20%~25%的为中下筋粉，小于20%的为低筋粉。我国商品小麦的湿面筋含量在14%~35%，不同品种、不同年份的小麦湿面筋含量差异和变化较大。

沉降值是衡量面筋、蛋白质含量和品质的综合指标。一定量的面粉在弱酸介质中吸水膨胀，形成絮状物并缓慢沉淀，在规定时间内的沉降体积即沉降值，单位是毫升。沉降值测定主要有Zeleny和SDS两种，前者在一定程度上与面筋数量关系密切，后者与面筋质量关系较大。许多研究表明，沉降值不仅与面筋的数量和质量关系密切，而且与籽粒蛋白质含量呈极显著正相关，与粉质仪测定指标中的面粉吸水率、面团形成时间、稳定时间和评价值及烘烤试验中的面包体积也呈显著正相关。因此，沉降值是衡量小麦加工品质的重要指标。美国、德国等国家根据面筋沉降值将小麦分成三个等级：大于50毫升的为强力粉，低于30毫升的为弱力粉，30~50毫升的为中强力粉。

降落值指黏度计管浸入热水器到黏度计搅拌降落进入糊化的悬浮液中的总时间（包括搅拌的时间），以秒为单位。降落值是反映面粉中α－淀粉酶活性大小的指标，也是检测小麦在收、贮、运过程中是否发过芽的一项间接指标。降落值高的α－淀粉酶活性低，反之则高。降落值<150秒的，α－淀粉酶活性高，面包心黏湿，籽粒易发芽；降落值在200~300秒的，α－淀粉酶活性正常，面包质地优良；降落值>300秒的，α－淀粉酶活性低，面包体积小，面包心干硬，籽粒休眠期长，不易发芽。

吸水率是将面粉揉制成标准稠度[500 BU（Brabender Unit，布拉本德仪器单位）]面团时所需加水量，以占14%湿基面粉质量分数表示，准确到0.1%。吸水率不仅与蛋白质的量和质呈显著正相关，而且与面团的黏弹性有一定的关系。小麦品种用途不同，要求面粉吸水率不同。面包用小麦要求面粉吸水率在60%~70%，以利于提高面包等产品的出品率；而饼干用小麦要求其面粉吸水率在52%~54%，以利于烘烤。

面团形成时间指从开始加水直至面团达到最大黏度所需的时间。面团形成时间与面筋的含量和质地相关，面团形成时间短，表示面筋量少、质差。一般软麦的弹性差，形成时间短，在1~4分钟；硬麦弹性强，形成时间在4分钟以上。

面团稳定时间指粉质图谱首次穿过500 BU到开始衰落再次穿过此标线的时间。它反映面团的耐揉性。面团稳定时间越长，面筋的强度越大，面团性质越好，也意味着麦谷蛋白的二硫键越牢固，面包烘烤品质越好；稳定时间长的面，不适合制作饼干、糕点等食品。

断裂时间指从加水搅拌开始直至从峰最高处降低30 BU所需的时间。

公差指数指曲线最高点中心和出峰后5分钟曲线中心之差，以“BU”为单位。该值越小，面团的耐揉性越好。

弱化度指曲线峰值中心与峰值过后12分钟的曲线中心的差，以“BU”为单位。

评价值是一项综合评价粉样品质的单一数值，面团形成时间、稳定时间、断裂时间、软化度较高的，评价值亦较高。

三 强筋、中筋和弱筋小麦

强筋小麦要求蛋白质含量高，湿面筋含量高，面团稳定时间长；而弱筋小麦要求蛋白质含量低，湿面筋含量低，面团稳定时间短（见表1-1）。

表1-1 小麦品种的品质指标

项目		指标			
		强筋	中强筋	中筋	弱筋
籽粒	容重/（克·升$^{-1}$）	≥770	≥770	≥770	≥770
	硬度指数	≥60	≥60	≥50	<50
	蛋白质含量/%（干基）	≥14.0	≥13.0	≥12.5	<12.5
面粉	湿面筋含量/%（14%水分基）	≥30	≥28	≥26	<26
	沉降值（Zeleny）/毫升	≥40	≥35	≥30	<30
	吸水率/%	≥60.0	≥58	≥56	<56
	稳定时间/分	≥8.0	≥6.0	≥3.0	<3.0
	最大拉伸阻力/E. U.	≥350	≥300	≥200	—

只有每一类型中的每一项指标都达到了要求，才能算作这一类型的优质专用小麦。

1.强筋小麦

强筋小麦角质率大于70%，胚乳的硬度较大，面粉筋力较强，面团稳定时间较长，适用于制作面包，也适用于制作面条或用作配制中上筋力专用面粉的配麦。

2.中筋小麦

中筋小麦为半硬质或软质，面粉筋力适中，适用于制作面条、馒头等食品。

3.弱筋小麦

弱筋小麦角质率小于30%，胚乳为软质，面粉筋力较弱，面团稳定时间短，适用于制作饼干、糕点等食品。

按加工食品的种类可对专用小麦进行另一种分类，基本可以与强筋、中筋、弱筋小麦相对应。优质面包专用小麦要求小麦蛋白质含量高，面筋质量好，沉降值高，面团稳定时间较长，面包评分较高，基本可以对应强筋小麦的标准。

馒头专用小麦是指适合制作优质馒头的小麦。馒头专用小麦一般需要中等筋力，面团具有一定的弹性和延伸性，稳定时间在3~5分钟，形成时间以短些为好，灰分低于0.55%。优质馒头要求体积较大，色白，表皮光滑，复原性好，内部孔隙小而均匀，质地松软，细腻可口，有麦香味等。1993年，我国面粉行业制定了馒头小麦粉的理化指标（见表1–2）。

面条专用小麦是指适合制作优质面条（包括切面、挂面、方便面等）的专用小麦。面条专用小麦应具有一定的弹性、延展性，出粉率高，面粉色白，麸星和灰分少，面筋含量较高，强度较大，支链淀粉较多，色素含量较低等。影响面条品质的主要因素是蛋白质含量、面筋含量、面条强度和淀粉糊黏性等。我国商业部于1993年制定了面条专用小麦粉的行业标准（见表1–3）。

表 1-2　馒头专用小麦粉理化指标

项目		精制级	普通级
水分/%		≤14.0	
灰分/%(干基)		≥0.55	≥0.70
粗细度	CB36 号筛	全部通过	
湿面筋/%(14%水分基)		≥25.0～30.0	
面团稳定时间/分钟		≥3.0	
降落数值/秒		≥250	
含砂量/%		≤0.02	
磁性金属物/(克·千克$^{-1}$)		≤0.000 3	
气味		无异味	

注:此表由王光瑞提供。

表 1-3　面条专用小麦粉理化指标

项目		精制级	普通级
水分/%		≤14.5	
灰分/%(干基)		≥0.55	≥0.70
粗细度	CB36 号筛	全部通过	
	CB42 号筛	留存量不超过 10.0%	
湿面筋/%(14%水分基)		≥28.0	≥26.0
面团稳定时间/分钟		≥4.0	≥3.0
降落数值/秒		≥200	
含砂量/%		≤0.02	
磁性金属物/(克·千克$^{-1}$)		≤0.000 3	
气味		无异味	
评分值		85	75

饼干和糕点专用小麦面粉要求用中筋和弱筋小麦。普通小麦虽然面筋接近饼干和糕点要求,但蛋白质和面筋含量较高,也不适合生产制作优质饼干和糕点。为了规范我国软质小麦品种的选育和生产,农业部于

1999年制定了饼干和蛋糕专用小麦的行业标准(见表1-4)。

表1-4 饼干、蛋糕用软质小麦品种标准

类别	项目	饼干、蛋糕用软质小麦品种	
		一级	二级
籽粒品质	蛋白质/%	≤12.0	≤14.0
面粉品质	湿面筋/%	≤22.0	≤26.0
	沉降值/毫升	≤18.0	≤23.0
面团品质	吸水率/%	≤54.0	≤57.0
	形成时间/分钟	≤1.5	≤2.0
	稳定时间/分钟	≤2.0	≤3.0
烘焙品质	饼干评分	≥90	≥70
	蛋糕评分	≥90	≥70

注:行业标准(待颁布)起草单位:河南省农业科学院作物研究所,此表由王光瑞提供。

由于馒头、面条、水饺等蒸煮食品为中国传统食品,生产这些食品的国标中强筋小麦和中筋小麦品种已选育较多,而制作面包的优质强筋小麦品种和制作饼干和蛋糕的优质弱筋小麦品种相对较少,且与国外同类品种的品质差距较大,因而不能完全满足食品加工企业对加工品质的要求。按照"抓两头、带中间"的思路,我国将重点发展优质强筋小麦和弱筋小麦,稳定发展中筋小麦,确保国内市场需求,积极争取出口。

安徽省地处南北过渡地带,跨越全国两大小麦生态区。淮河以北属于北方冬麦区的黄淮麦区,以种植弱冬性或半冬性的白皮小麦为主。淮河以南属于南方冬麦区的长江中下游麦区,以种植半冬性或春性的白皮小麦为主。安徽省小麦品质区划分为3个区:

(1)淮北砂姜黑土白皮强筋麦区;

(2)沿淮、江淮白皮弱筋麦区;

(3)淮北中南部及江淮东北部中筋麦区。

第二节 小麦产业发展现状

一 世界小麦的分布

小麦在世界上分布极广，从南纬45度的阿根廷到北纬67度的芬兰、挪威都有小麦的种植。从种植分布看，小麦主要集中在亚洲，面积约占世界小麦面积的45%，其次是欧洲、北美洲，分别占25%和15%，非洲、大洋洲和南美洲各占5%左右。各洲小麦产量分布情况与面积比重大体一致。亚洲和欧洲既是小麦主产区，也是主要消费区，但亚洲人多地少、产不足需，需要大量进口；北美（含中美）洲和大洋洲虽然产量不是很高，但地域内人少地多、消费量较低，生产的小麦大部分用于出口；非洲生产技术及土地利用率较低，小麦产量最低，但消费量相对较高，需要大量进口；南美洲生产和消费总量基本持平。因此，小麦的消费是全球性的，全世界有35%~40%的人口以小麦为主食，我国有约43%的人口以小麦为口粮。小麦的供需结构决定了世界小麦在贸易上的特点：交易范围广，交易量大，参与国家多。从消费结构看，发达国家以及东欧，食用比例只有50%左右，低于世界平均水平（71%）；而作为饲料的比例较高，约占1/3，高出世界平均水平（16%）约1倍。这说明随着人们生活水平的提高，人均小麦消费数量将增加，但食用比例将降低，饲用比例将提高。

从全球范围看，小麦种植面积、总产量从高到低的国家依次是中国、印度、俄罗斯、美国、加拿大、澳大利亚、巴基斯坦、乌克兰。其中，中国小麦产量约13 694万吨，占比17.6%，位列全球第一；其后按2021年小麦产量占比从高到低排列依次是：印度14.11%、俄罗斯9.7%、美国10%、乌克兰4.3%、澳大利亚4%、巴基斯坦3%、加拿大3%、阿根廷3%；欧盟小麦产量占比18%，其他国家/地区小麦产量占比16.29%。2021年，全球小麦产量从2012年的204千克/亩增长至232.6千克/亩，增长了28.6千克/亩，增幅为

14.02%。

二 我国小麦产业发展现状

我国是全球最大的小麦生产国和消费国，小麦历年种植面积分别占全国耕地总面积的22%~30%和粮食作物总面积的22%~27%，分布遍及全国各省(自治区、直辖市)，成为我国仅次于水稻的第二大粮食作物，2021年我国小麦产量约占全球小麦产量的17.6%，成为全球第一的小麦生产大国。

1.产量稳步上升

2012年到2021年，中国小麦受农业产业结构调整影响，播种面积有所波动和下降，从2012年的3.68亿亩降为2021年的3.54亿亩，减少了1 445万亩，降幅约为4%。得益于我国小麦育种及栽培管理水平的提升，近年来，除2018年受一季度风雹、低温冷冻和雪灾等自然灾害影响，我国小麦单产有所下降外，从2012年到2021年，我国小麦单位面积产量整体呈逐年上升的发展态势，由2012年的332.57千克/亩提高到2021年的387.34千克/亩，增幅16.47%，年增长率为1.23%~3.95%，年均增长率为1.72%。

2.小麦优势产区基本形成

1978年至1998年，我国的小麦种植开始趋于集中。西北地区和东北地区的小麦播种面积大幅减少，河南和山东等主产省区的小麦播种面积大幅提升，我国的小麦产业化进入稳步发展的阶段。同时，由于农村土地经营制度和粮食流通体制改革，农产品的派购制度逐渐开始取消，农民的生产经营自主权得到扩大，开始根据市场需求安排农业生产。但由于各省仍坚持粮食的自给自足，这一阶段虽然小麦的种植趋于集中并开始向专业化发展，但基本仍是自发性的发展，缺少国家农业部门的宏观规划。

1998年至2015年，国家和农业部门开始大力推进农业生产结构的调整。为了优化小麦的品种布局，因地制宜地发展优质专用小麦的生产，2001年《小麦品质区划方案(试行)》发布。该方案指出，我国应以中筋和中强筋小麦的种植为主，并在商品率高的地区发展强筋和弱筋小麦。同时，该方案将我国进一步划分为北方强筋、中筋冬小麦区，南方中筋、弱筋冬小麦区和中筋、强筋春小麦区三大麦区，大大推动了小麦的专业化生产，小麦的生产布局和品种结构都趋于规范。根据我国自然资源条件和小麦产业发展特点，农业部门于2003年发布《专用小麦优势区域发展规划（2003—2007）》。在此方案的引导下，我国逐步形成了黄淮海麦区、长江中下游麦区、大兴安岭沿麓麦区三大优质专用小麦产区。在此基础上，我国又发布了《小麦优势区域布局规划（2008—2015）》，进一步将小麦产区划分为黄淮海麦区、长江中下游麦区、西南麦区、西北麦区和东北麦区五个小麦生产优势区。至此，我国小麦生产的优势区域基本形成，我国的小麦产业基本实现了区域专业化生产。

黄淮海小麦优势区包括河北、山东、北京、天津全部，河南中北部、江苏和安徽北部、山西中南部及陕西关中地区，是我国最大的冬小麦生产区，主要种植优质强筋、中强筋和中筋小麦。

长江中下游小麦生产优势区主要包括江苏、安徽两省淮河以南，湖北北部、河南南部地区，主要种植优质弱筋和中筋小麦。

西南小麦生产优势区主要包括四川、重庆、云南、贵州等地区，主要种植优质中筋小麦。

西北小麦生产优势区主要包括甘肃、宁夏、青海、新疆、陕西北部及内蒙古河套土默川地区，主要种植优质强筋、中筋小麦。

东北小麦生产优势区主要包括黑龙江、吉林、辽宁全部及内蒙古东部，主要种植强筋、中筋小麦。

3.市场需求向优质专用方向转变

进入21世纪，随着物质条件的不断改善，人民生活水平有了很大的提高，膳食结构和以前相比也有了较大变化。为了适应当代社会快节奏的生活，人们对成品及半成品主食食品的需求越来越多，推动了主食工业化的快速发展。不同于自家制作的面制食品，市售的产品通常有着严格的标准，标准化流程、标准化包装和标准化销售渠道对面粉品质稳定性有更为严格的要求。不同品种的面制食品需要对应品质的小麦品种。工厂专供粉对于产品品质特性和稳定性的要求远远超过家庭对面粉品质特性和稳定性的要求。对于“专用粉”来说,原料品质指标的统一是生产的基础,如果原料不纯、品质不稳定,即使后续的加工精确度再高,也无法保证专用粉的品质。随着主食工业化的快速发展,小麦面粉加工业也改变了原先标准粉主导市场的格局,品种专用化将成为我国小麦产业发展的主流。这种需求端的变化直接导致了小麦产业供给侧的改革,小麦产业的发展逐渐从数量导向向质量导向转变,以往的多品种混种模式已经不能满足当今社会的需求,小麦产业的“专种、专收、专储、专用”才是大势所趋。

三 安徽小麦生产概况

安徽水资源丰富,天然降水基本可满足小麦生长需求,主产区土地平整,适合发展小麦生产。全省小麦种植面积和单产均居全国第三位。安徽小麦强筋、中强筋、中弱筋均有种植,整体容重高、白度高、出粉率高,面粉及制品适合长三角和珠三角等南方市场消费。安徽省小麦播种面积2121年是4269.6万亩(1亩约合666.7米^2)左右,占全省耕地面积的48%左右,占全年粮食总播种面积的42%左右,总产量占全年粮食总产量的40%,高于全国平均水平,是安徽省播种面积最大的粮食作物(见表1-5)。单产由2010年的340.1千克/亩提高到2021年的近400千克/亩,年均总产约1 700万吨,高质量地实现了夏粮“十八连丰”,在全国小麦主产区位居前三位,步入全国小麦高产省的前列。同时,安徽还是商品小麦调出大省及加工业集中区。沿淮淮北是安徽小麦主产区、高产区,面积约占全省的2/3。

根据各地气候、地形、土壤、小麦品种生态型及耕作制度,我省小麦种植区可分为沿淮淮北、江淮及沿江江南三大种植区。其中,淮北平原以麦-玉两熟种植模式为主,是安徽省小麦高产区和主产区,播种面积占全省50%以上;江淮、沿江江南主要以麦稻两熟种植模式为主。2005年以来,安徽省开展了以“依靠科技、主攻单产、全面提高小麦生产水平”为核心的高产攻关活动，小麦生产取得显著成效，主要表现在：单产总产显著提高，2021年较2015年亩产年均提高2.5千克（见表1–5）；科技贡献率逐年提高，小麦生产过程基本实现机械化，科学播种、平衡施肥、病虫草害综合防控等已被广泛应用；优质小麦生产和加工得到进一步重视，全省小麦商品等级逐年提高，小麦加工能力不断增强；小麦生产社会化服务体系进一步完善，规模化生产发展加快，基础公益性科技服务与农机、植保社会化服务体系不断完善和加强；高产典型层出不穷，高产纪录不断被刷新（见表1–6）。

表 1－5　安徽省小麦生产情况

年份	面积/万亩	单产/(千克·亩$^{-1}$)	总产/万吨
2005 年	2 984.3	270.8	808.0
2006 年	3 201.5	302.1	967.0
2007 年	3 495.4	318.0	1 111.5
2008 年	3 520.1	331.8	1 168.0
2009 年	3 532.9	333.2	1 177.2
2010 年	3 548.5	340.1	1 206.7
2011 年	3 574.5	340.0	1 215.3
2012 年	3 623.3	357.1	1 293.9
2013 年	3 649.3	365.0	1 332.0
2014 年	3 651.8	381.6	1 393.5
2015 年	3 685.5	382.9	1 411.0
2016 年	3 670.3	377.6	1 386.0
2017 年	3 588.0	388.4	1 393.5
2018 年	4 314.5	372.6	1 607.5
2019 年	4 254.6	389.5	1 657.0
2020 年	4 239.0	394.4	1 697.2
2021 年	4 269.6	398.1	1 699.9

数据来源：《中国统计年鉴》。

表 1-6　2010 年以来安徽省小麦高产纪录(实产)

年份	地点	品种	面积/亩	亩产/千克	茬口
2010 年	涡阳县高炉镇陆杨村	济麦 22	3.29	671.3	旱茬
2011 年	蒙城县漆圆办事处前王村	烟农 19	2.52	653.8	旱茬
2011 年	太和县旧县镇张槐村	济麦 22	2.59	741.7	旱茬
2013 年	凤台县大王社区	济麦 22	2.03	585.2	稻茬
2014 年	太和县旧县镇张槐村	周麦 27	3.34	760.9	旱茬
2014 年	涡阳县楚店镇后水坡村	周麦 27	3.14	771.8	旱茬
2014 年	涡阳县陈大镇	济麦 22	3.80	739.0	旱茬
2014 年	宿县夹沟农场	济麦 22	3.38	761.8	旱茬
2014 年	宿县夹沟镇夏刘寨	济麦 22	2.50	722.0	旱茬
2014 年	宿州市城东办事处十里村	华成 3366	3.16	814.6	旱茬
2015 年	涡阳县楚店镇后水坡村	周麦 27	3.33	758.5	旱茬
2019 年	涡阳县楚店镇后水坡村	徐农 029	3.47	815.6	旱茬
2020 年	涡阳县楚店镇后水坡村	涡麦 9 号	4.27	824.7	旱茬
2021 年	涡阳县楚店镇后水坡村	涡麦 9 号	5.12	823.8	旱茬
2021 年	涡阳县楚店镇后水坡村	涡麦 9 号	105.45	782.9	旱茬
2022 年	涡阳县楚店镇后水坡村	皖垦麦 22	5.52	913.2	旱茬

第三节　我国小麦产业发展存在的问题

一、小麦小面积种植区域分散，规模效应不明显

我国由于人多地少的国情，长期以来一直实行以家庭联产承包责任制为主的土地制度，“小农经济”在我国农业生产中一直占有主导地位，因此，我国的小麦种植以小规模的散户经营为主，单个家庭的种植面积和经营规模较小，远没有达到钱克明等所测算的北方地区适度规模120亩和南方地区适度规模60亩。同时，由于自购农机的不经济性，小规模的小麦种植户所拥有的农业机械尤其是大型农机明显偏少，因此，这种“小

而散”的经营模式不利于“连片化”经营的实现，不利于大规模的机械化作业，规模效应未得到充分发挥。由于农户缺乏专业化的指导，组织化程度较低，个体差异较大，这种分散且相对独立的种植经营模式也不利于规范化、标准化的田间管理，不仅影响了规模优势的发挥，增加了小麦的种植成本，影响了麦农的收益，也影响了小麦品质的一致性。

二 品种混种混收严重，影响小麦加工

由于我国小麦种植规模较小，土地细碎化程度较高，无法实现大规模的连片化种植，农户片面追求产量，质量导向意识不足；同时出于规避风险的考量，小麦种植户通常会同时种植多个品种的小麦，在相邻地块甚至同一个地块多品种交叉种植的现象较为普遍。多品种交叉种植导致小麦的品质混杂问题比较严重，不仅会影响小麦品质的一致性，也会导致不同品种之间出现自然杂交，引发后代的性状分离，从而导致小麦品种的退化。另外，我国现行的粮食收储机制过于重视容重，将容重作为收购的主要等级标准，对于加工品质的关注不足，未将加工品质纳入质量检测标准，没有做到精确的分品种收储。不同品种混合种植、混合收获、混合储藏、混合销售严重影响了小麦原料品质的一致性，直接造成了小麦加工企业的产品质量不稳定，严重制约了小麦加工的发展。

三 产品结构不合理，出现结构性过剩

长期以来，不管是政府还是小麦种植户，一直将小麦的产量摆在第一位，对于优质专用小麦的关注不足。尽管目前我国现有的库存小麦总量比较充足，但很大一部分都是普通小麦，优质专用小麦严重不足，无法满足目前的加工需求。由于麦农以产量最大化为目标生产小麦，而优质强筋小麦和优质弱筋小麦由于单产相对而言较低，农民的种植积极性不足。另外，由于优质小麦和普通小麦之间差价过小，无法激发农民生产优质小麦的积极性，“优质不优价”问题使得农民不愿意种植产量低的优质

小麦，而更愿意选择产量高的普通小麦。由此导致我国的小麦产品结构不合理，结构性过剩，出现普通小麦供过于求、优质小麦供需不足的两难局面，导致“高产量、高库存、高进口”并存的尴尬。

四 强筋不强、弱筋不弱问题突出

我国小麦生产虽已实现了历史性跨越，但仍处在转型升级阶段，出现了一些突出问题，面临提升质量、降低成本和保护环境三大挑战。消费者对优质营养健康的要求越来越高，优质麦不能满足市场需求。强筋麦优势产区的籽粒粗蛋白含量不到15%，弱筋麦优势产区的小麦籽粒粗蛋白含量则几乎都在12%以上，强筋麦和弱筋麦产区的优势并不明显。就湿面筋含量来看，近几年我国小麦的湿面筋含量基本集中在24%~33%。强筋麦优势产区的小麦湿面筋含量在30%左右，对于强筋小麦来说湿面筋含量偏低；而弱筋麦优势产区的小麦湿面筋含量则都在24%以上，甚至达不到我国对于弱筋麦的标准。

五 专用粉开发滞后

我国是面食消费大国，专用粉生产起步虽晚，却市场潜力巨大，销量持续增长。我国大部分面粉加工厂长期习惯于前路出粉生产工艺，粉路与操作条件和生产专用粉有较大的差距。当前，国内许多专用粉的生产厂家须使用进口小麦，由于价位较高，专用粉生产的发展大多集中于面包粉、饼干粉、糕点粉、高档方便面粉等利润丰厚的食品原料上，而我国人民的传统食品，如馒头、面条和水饺等，用量较大的食品专用粉发展缓慢，且各地发展也不平衡。安徽省北部属于优质小麦主产区，为面粉加工业提供了原粮优势，但是加工企业数量多、规模小、技术落后，产品主要以普通粉为主，严重制约企业的发展壮大，并且时常出现部分产品滞销的局面。

第二章　小麦高质量播种技术

现代小麦生产以机械化、轻简化、良种化、化学化、集成化为特征，技术措施前移，生产管理由原先的“三分种、七分管”转变成“七分种、三分管”。广义的高质量播种技术是播种之前秸秆还田、整地和播种过程中的种子处理、机械化精少量播种等环节有关技术组成的技术集群，主要包括整地技术、秸秆还田技术、种子处理技术、规范化播种技术（适期、适墒、适量、适法）。所谓规范化播种技术，就是在提高整地质量的基础上，实行适墒、适期、适量、规范化播种。狭义高质量播种技术是指根据不同土壤类型和墒情、不同品种类型、不同产量水平确定小麦的适宜播期、适宜播量和适宜播种方式。

第一节　秸秆粉碎还田

秸秆蕴含巨大的经济价值，是一种可供开发和综合利用的生物质资源。农作物秸秆与籽实一样是不可多得的农产品。中国是农业大国，秸秆年产量居世界之首，占全世界总量的30%左右。秸秆资源量约占生物质资源量的一半，农业投入要素近50%转化为秸秆。

“世上没有垃圾，只有放错位置的财富。”秸秆本质上是农业生产过程中的副产品，按照循环经济的基本原理，可以变废为宝，使其重新回到生产或生活过程中去，从而实现废弃物资源化。秸秆可以作为农业生产（比如畜禽养殖）原料进入循环过程；也可以作为农村居民生活原料（比如能源）进入循环过程；还可作为工业原料在农业生产和农村生活系统外循环，最终部分返回农业系统。

秸秆有机质含量平均为15%，平均含氮0.62%、磷0.25%、钾1.44%，另含有钙、镁、硫和其他重要微量元素。将秸秆作为土壤肥料还田是一种常用的秸秆资源再利用的方法。秸秆的还田利用，不仅有助于农作物本身资源的再利用，还能改善土壤质量，促进农业的可持续发展。秸秆肥料化利用方式主要有直接还田、堆沤还田、过腹还田以及制造有机复混肥。

一 秸秆还田的方式

1.直接还田

直接还田是在机械化操作的基础上，在作物收获同时对秸秆进行粉碎，铺撒在田间的做法，如图2-1所示。秸秆还田能增加土壤有机质含量，改善土壤理化性状，增加其通透性；保存和固定土壤氮素，避免养分流失；保证土壤微生物正常活动。土壤中的所有有机碳源最初都来源于空气。作物通过光合作用将空气中的二氧化碳转化为有机碳，进入作物体内。植物死亡后，一部分作物体如秸秆、根等，作为新鲜的有机物直接回

图2-1　秸秆还田后小麦田块

归土壤,一部分作物体则经过动物代谢间接回归土壤,进而被土壤微生物分解,降解后形成腐殖质。秸秆还田是作物残体的一种管理方式,通过还田,秸秆中8%~35%的有机碳会以有机质形式保存到土壤中。机械化秸秆粉碎直接还田技术是用加装秸秆粉碎装置的联合收割机收获作物籽粒的同时粉碎秸秆,并将秸秆均匀抛撒在地表,补氮后翻理入土。还田的秸秆在土壤水分、温度等相关条件合适的情况下,被土壤微生物分解,产生能被植物吸收的有机物、氮、磷、钾等营养物质和微量元素,增加土壤团粒结构,提高土壤对水分、温度和空气的调控能力,从而培肥地力,改善耕地的物理性状,为土壤进行可持续生产打下良好的基础。近年来,由于化肥的大量使用、农家肥料的使用量急剧减少,因而土壤有机质含量下降,物理性能与环境条件恶化。这更加凸显了机械化秸秆还田的优势与必要性。秸秆直接还田是农家肥料使用量急剧减少背景下有机碳归还土壤的重要形式,也是实现“一控、两减、三基本”(“一控”是指控制农业用水总量和农业水环境污染,确保农业灌溉用水总量保持在3.72×10^{11}米^3,农田灌溉用水水质达标。“两减”是指化肥、农药减量使用。“三基本”是指畜禽的粪便、农膜、农作物秸秆基本得到资源化利用和无害化的处理)的主要途径之一。

2.堆沤还田

传统的堆沤还田是使农作物充分高温腐熟以后,通过人为调节和控制,加入畜禽粪便等,加工成生物有机肥还田。目前使用较多的则是秸秆堆肥技术,需要一定的场地及机械,并选用高效的降解微生物,如301菌剂、催腐剂、ECM菌剂、酵素菌剂等。

3.过腹还田

过腹还田是对秸秆的二次利用。秸秆经过牲畜消化后,部分营养物质被吸收,部分变成了粪便。将牲畜粪便施入土壤中,可提高土壤有机质含量,改变土壤理化性质。

4.制造复混肥

经机械翻抛、高温堆腐、生物发酵等过程，将秸秆的有机养分转换成速效养分。施用秸秆有机复混肥对于促进土壤养分转化、改善土壤物理性质、增强农作物抗病能力和优化农田生态环境都有良好的效果。

二 机械化秸秆直接还田

1.玉米秸秆粉碎还田

（1）机收、粉碎还田一体作业

玉米联合收割机加装秸秆粉碎装置，收割机收获籽粒时粉碎秸秆→灭茬、抛撒→施肥→翻埋秸秆、深松、旋耕整地→播种。

（2）机收、粉碎还田分别作业

联合收割机收割玉米籽粒→拖拉机配秸秆粉碎还田机粉碎秸秆→灭茬、抛撒→施肥→翻埋秸秆、深松、旋耕整地→播种。根据当地玉米种植规格、具备的动力机械、收获要求等，选择悬挂式、自走式等玉米联合收获机和玉米秸秆粉碎还田机，一次完成玉米收获、秸秆粉碎还田作业，也可人工摘穗后采用秸秆还田机作业（若与犁耕配套，可选择还田灭茬机）。

2.水稻秸秆还田

（1）水稻秸秆机械化粉碎还田

水稻秸秆机械化粉碎还田是指利用机械将收获的水稻秸秆粉碎后均匀地铺撒（覆盖还田）在地表并进行翻耕深埋（翻压还田）处理，其中又包含低留茬全量还田和高留茬全量还田以及旋耕机灭茬等。旋耕灭茬机旋耕还田是秸秆直接还田的普遍方法，其特点在于使用便捷简单、秸秆处理量多。

（2）水稻秸秆整秆深埋还田

水稻秸秆整秆深埋还田是指将收获的水稻秸秆不经过粉碎而直接旋耕埋入土壤或者覆盖在地面。水稻秸秆整秆深埋还田与其他方式相比，具有耕深程度大、还田性能好、第二年不会因泡田秸秆浮出水面而对插秧及作物生长造成影响等特点。此方法对技术要求相对较低，但是一般不适宜杂交水稻，因为其秸秆高且硬度大、自然腐烂较慢，应采用切碎还田的方式方法。

3.秸秆快腐还田

秸秆快腐还田是通过秸秆还田和秸秆腐熟剂配合使用，从而达到快速腐熟效果的技术。秸秆腐熟剂中有大量的酵母菌、霉菌、细菌等菌种，这些菌种的不断繁殖能在适宜的条件下产生大量加速农作物秸秆腐解的微生物，将秸秆中的有机质分解为下茬作物生长所需的氮、磷、钾等大量元素及其他中微量元素。目前市面上的秸秆腐熟剂种类繁多，其主要的局限性在于成本过高。

三 秸秆粉碎还田作业要求

秸秆切碎长度≤5厘米，秸秆切碎合格率≥90%，抛撒不均匀率≤20%，漏切率≤1.5%，割茬高度≤8厘米。田间无污染情况。灭茬深度≥5厘米，灭茬合格率≥95%。

带病（如玉米黑穗病、玉米大小斑病等）的秸秆一般不宜直接还田，否则下茬易发生病害。这类带病秸秆要运出、处理销毁或高温堆沤，彻底切断污染源，避免病虫害蔓延和传播。

四 机械化秸秆粉碎还田作业要点

1.秸秆粉碎

作业时要注意选择拖拉机作业挡位和调整留茬高度，粉碎长度不宜超过10厘米，严防漏切。此外，要做到适时粉碎，及时用拖拉机搭配各种秸秆粉碎机，将秸秆切成小于10厘米的段。此时秸秆本身含糖分、水分多，易被粉碎，对加快腐解、增加土壤养分大为有益。

2.补施氮肥

在腐解为有机肥的过程中须吸收氮、磷等元素，秸秆本身的碳、氮、磷含量比例为100∶2∶0.3,腐解所需的比例为100∶4∶1,因此要补充一定量的氮和磷。一般每亩还田500千克秸秆时，须增施67.5千克纯氮和22.5千克纯磷。

3.灭茬和耕地

前茬作物收获后,要立即灭茬和旋耕或深翻,使秸秆均匀分布于距地面0~20厘米的土层中,在与土壤混合过程中把秸秆根茬切开,并再次切碎较长的茎秆,以便茎秆充分腐解。

第二节　精细整地

一　优质小麦生产土壤条件

1.良好的土壤物理条件

土壤耕作层在20厘米以上、40厘米以下,最适宜的范围在25~30厘米。耕作层土壤容重为1.14~1.26克/厘米^3,孔隙率为50%~55%,具有较好的团粒结构,疏松通气,利于蓄墒透水,促进水、肥、气、热协调,维持土壤保水保肥能力,且具有好的土壤耕性。

2.Ⅲ级以上的肥力条件

小麦优质生产的土壤肥力等级要求在适量及以上（较丰富、丰富等级)。土壤养分含量条件为:

适量水平(Ⅲ级):有机质20克/千克,全氮1.0克/千克,全磷1.0克/千克,全钾15克/千克,碱解氮90毫克/千克,速效磷10毫克/千克,速效钾100毫克/千克;

较丰富水平(Ⅱ级):有机质30克/千克,全氮1.5克/千克,全磷1.5克/千克,全钾20克/千克,碱解氮120毫克/千克,速效磷20毫克/千克,速效钾150毫克/千克;

丰富水平(Ⅰ级):有机质40克/千克,全氮2.0克/千克,全磷2.0克/

千克，全钾30克/千克，碱解氮150毫克/千克，速效磷40毫克/千克，速效钾200毫克/千克。

小麦可以生长的pH在6.0~8.5，优质小麦最适宜的pH为6.8~7.0，近乎中性。

二 耕整地的农艺要求

在现行的玉米秸秆还田和冬小麦深耕、旋耕播种过程中，大型拖拉机进地6~7次，作业环节多，工作烦琐，浪费农时，动力消耗大，生产成本高，效益低。现行旱地农用拖拉机以轮式为主，长期、多次碾压，加之连续多年播前只旋耕不深翻，导致耕层变浅，犁底层加厚，土壤蓄水保墒性能变差，部分田块10厘米以下即为坚硬的犁底层，影响根系下扎、降水和灌溉水的下渗。推行大型机械作业，加深耕层。秸秆还田必深耕，旋耕麦田必镇压。推荐使用深耕犁深翻25厘米以上，再用旋耕机纵向、横向各旋1遍，做到上无坷垃、下无卧垡、地面平整、无“龟背田”。长期旋耕田块每隔2~3年深耕或深松1次。破除犁底层，加厚活土层，使耕层超过25厘米，活土层大于20厘米。精细整地如图2-2所示。

图2-2 精细整地

三 整地方式

耕整地的目的是协调土壤水、肥、气、热状况，调整土壤疏松度，实现耕层深厚、地面平整，提高蓄水保墒、保肥供肥能力，为作物苗全、苗齐、苗壮和高质高效创造良好的土壤条件。总的原则是以耕翻(机耕)或少免耕(旋耕)为基础，耙、耱(耢)、压、起垄、开沟、作畦等作业相结合，正确掌握宜耕、宜耙等作业时机，减少耕作费用和能源消耗，提高整地质量。

1.深耕

深耕是使用犁等工具，将地下的土壤翻过来，使秸秆、草种、病虫等充分置换，让秸秆在地下腐烂，有效打破犁底层，但后续还需要平整土地，深耕深度一般从25厘米到60厘米不等，深耕后的土壤如图2-3所示。

图2-3　深耕后的土壤(左)

传统铧式犁耕翻，具有掩埋秸秆和有机肥料、控制杂草和减轻病虫害等优点，但对拖拉机动力要求较高，还需细化和平整土壤，费工费时，干旱年份因土壤失墒而影响播种。深耕效果可以维持多年，可以不必年年深耕。

2.旋耕

旋耕是对土壤表面及浅层进行加工的一种作业方式，主要是将田地表面的秸秆粉碎，使土块细碎化，以方便下季的播种等作业，旋耕深度一般在15厘米左右。

旋耕是目前我国农民接触最多的一种耕作模式，对机器功率要求低，作业效果表面很明显，土壤细碎而且平整，对播种作业起到了很好的准备作用。但因为土壤空隙较少，旋耕容易造成倒伏、水土流失等问题。

3.深松

深松一般使用深松机进行作业，在保持田地表面平整的情况下，能够有效松动地表以下土壤并打破犁底层，以起到更好的蓄水保墒的效果。深松深度一般要求不小于35厘米。

深松是保护性耕作的一种，最大的好处是节约耕作成本，最大限度地保护田块，适用于板结严重土壤的改良，以及在一些干旱地区的农业生产。著名的垂直农业耕作模式就是依靠深松来完成的。但深松对拖拉机动力要求高，而且作业效果不会立竿见影，后续还需要洒施除草剂等操作。常用深松机械如图2–4所示。

图2–4　深松机械

4.少免耕

免耕是指作物播种前不用犁、耙耕地、整地，直接在茬地上播种，播后作物生育期间又不进行中耕，于播种前后喷洒化学除草剂来灭草的一类耕作方法。典型的免耕在一块地上可种一季作物，也可数年连续免耕，但免耕有一定的时限性，经过一定周期后，需要再进行必要的土壤翻耕。

少耕是指在常规耕作基础上尽量减少土壤耕作次数或在全田间隔耕作、减少耕作面积的一类耕作方法，它是介于常规耕作与免耕之间的中间类型的耕作方式。凡是以局部深松代替全面深耕，以耙茬、旋耕代替翻耕，在季节间、年份间轮耕，间隔带状耕种，减少中耕次数或免中耕等，均属少耕范畴。

由于地面有残茬、秸秆或牧草覆盖土壤，少耕或不耕使土壤结构不受破坏，水蚀和风蚀明显减轻；同时秸秆覆盖有利于蓄水，土壤水分蒸发也得以减轻；秸秆留于土壤增加了土壤有机质，促进土壤团粒结构的形成。少免耕可减少农耗时间，节约成本。

多年少免耕后耕作表层0~10厘米富营养化，而下层10~20厘米则趋向养分贫瘠化，有机质与养分减少不利于作物的生长发育，出现早衰、早发现象；影响有机肥、化肥与残茬的翻埋，肥料利用率低、氮肥损失加重；地面留有覆盖物，地温较低，导致作物播种、出苗推迟，而且地面作物残茬及杂草给病虫提供良好的栖息场所，易造成病虫害蔓延；化学药剂的大量施用既降低了农产品品质，又给人类健康带来不利影响，同时还增加了成本。

5.耙耢、镇压

耙耢可破碎土垡，耙碎土块，疏松表土，平整地面，使土壤上松下实，减少水分蒸发，抗旱保墒；在机耕或旋耕后都应根据土壤墒情及时耙地。近年来，黄淮冬麦区和北部冬麦区旋耕面积较大，旋耕后的麦田表层土壤疏松，如果不耙耢以后再播种，会发生播种过深的现象，形成深播弱苗，严重影响小麦分蘖，造成穗数不足；还会造成播种后很快失墒，影响次生根的萌发和下扎，造成冬季黄苗死苗。

镇压有压实土壤、压碎土块、平整地面的作用，当耕层土壤过于疏松时，镇压可使耕层紧密，提高耕层土壤水分含量，使种子与土壤紧密接触，根系及时萌发与伸长，下扎到深层土壤中。一般深层土壤水分含量较高且稳定，即使上层土壤干旱，根系也能从深层土壤中吸收到水分。因此，小麦播种后应及时镇压。

第三节　种子处理

一 筛选

农民自留种播前要进行筛选。一般使用过筛、风吹、滚粒或水漂等方式将其中的瘪粒、霉粒、小粒、虫蚀粒及杂草种子等剔除，留取饱满、色亮、大小均匀、品种一致的优等籽粒作为种子使用。

二 晒种

播前晒一晒种子，能够杀菌灭虫、减少种传病虫害；能够尽快打破休眠、增强种性，增加发芽势、提高发芽率。晒种以气温在20~25℃为宜。应选择阳光充足的晴好天气，将种子薄薄地、均匀地摊在席子或被面上，勤翻动，晒1~2天，使种子干燥度一致。注意不能直接摊放在柏油路面或水泥晒场上，防止温度过高灼烧种子。

三 包衣或拌种

小麦种子精选包衣或进行药剂拌种具有省工、省时、省种及防病治虫等作用。经过精选包衣的小麦种子，可以防治小麦苗期地下虫害，防治或减轻黑穗病、白粉病、纹枯病等，增强小麦苗期抗逆力，达到全苗、壮苗，促进生长发育，增加小麦产量的目的。种子精选包衣还可减少麦田用药次数，保护天敌，减轻环境污染。没有包衣的种子要用药剂拌种，根病发生较重的地块，选用浓度为2%的戊唑醇（立克莠），按种子量的0.1%~0.15%拌种，或浓度为20%的三唑酮（粉锈宁），按种子量的0.15%拌种；地下害虫发生较重的地块，选用浓度为40%的甲基异柳磷乳油或浓度为40%的辛硫磷乳油，按种子量的0.2%拌种；病、虫混发地块用以上杀菌剂和杀虫剂混合拌种。

药剂拌种注意事项如下：

准确掌握农药用量。不可盲目加大用量，小麦在用粉锈宁、辛硫磷等药剂拌种时，如果用量过大，会对小麦造成明显药害，导致小麦出苗推迟，生长缓慢，因此应特别注意。

注意拌种方法。小麦用辛硫磷等拌种，应先将农药兑水稀释，再与麦种拌匀，堆闷后播种。如果既要用杀虫剂拌种，又要用杀菌剂拌种，应先拌杀虫剂，堆闷后再拌杀菌剂。

不可久置。小麦用杀虫剂拌种后，一般堆闷2~3小时，最多5~6小时，待药剂被麦种吸收后，随即播种。一般小麦用杀菌剂拌种后，应随即播种或阴干后立即播种，如拌种后久置不播，会对小麦造成药害。药剂拌种如图2-5所示。

图2-5　药剂拌种

第四节 “四适”精播

一 适墒播种

水是小麦发芽的首要影响因子。土壤墒情指土壤的水分状况。只有墒情适宜，才能保证小麦一播全苗，否则容易造成缺苗断垄，即使后期再浇水，也难以保证全苗、匀苗。小麦播种时耕层的适宜墒情为土壤相对含水量75%左右，土壤“抓土成团、轻丢即散”是小麦播种的最佳墒情。在适宜墒情的条件下播种，能保证一次全苗，使种子根和次生根及时长出，并下扎到深层土壤中，提高抗旱能力。墒情高于土壤相对含水量85%或低于50%都会影响小麦正常的发芽、出苗。小麦播种前墒情不足时要提前浇水造墒，不能靠天等雨。原则上先浇水补墒再播种，宁可迟两天，也要保证播种质量，确保齐苗和全苗。

二 适期播种

适期播种可使小麦充分利用秋冬期间比较适宜的温度等自然条件，及时出苗、盘根分蘖、冬前形成壮苗，有利于安全越冬。过早播种会形成旺苗，消耗地力；年前拔节容易受冻，病虫害（如地下害虫、黄花叶病）加重。过晚播种，易形成弱苗，分蘖少，也易发生冻害。

确定适宜播期的依据包括：①品种的发育特性。冬性品种适播的日平均气温16~18℃，半冬性品种14~16℃，春性品种12~14℃。冬性、半冬性品种可适当早播，春性品种要推迟播种。②积温指标。小麦从播种到出苗需积温110~120℃，出苗至分蘖要200℃，主茎每长一片叶约需75℃。根据主茎叶片与分蘖同伸关系来计算，半冬性品种冬前要达到主茎6~7片叶、单株分蘖3~4个、次生根5~7条的壮苗标准需要积温600~630℃；春性品种冬前要达到主茎5~6片叶、单株分蘖2~3个、次生根3~5条的壮苗标准需要积温520~560℃。此外，还应考虑麦田的肥力水平、病虫害和安全越冬情况等。

正常年份，淮北地区小麦适宜播期的范围：淮北中北部地区弱冬性品种为10月5—15日，半冬性品种为10月10—20日，春性品种为10月20—31日。沿淮地区各类型小麦比淮北推迟5天左右。江淮地区半冬性品种适宜播种期为10月15—25日，春性品种为10月20日至11月5日。

三 适量播种

确定合理的播量可以获得适宜的基本苗数，建立合理的群体结构，处理好群体与个体的矛盾，这是协调小麦生长发育与环境条件关系的重要环节。

要实现小麦高产，按基本苗数量，有三条成穗途径：

1.以分蘖成穗为主

基本苗较少（每亩8万~15万株），茎蘖数较少，分蘖成穗率较高（50%以上）。减少基本苗数，控制无效分蘖，以防止群体过大；提高分蘖成穗率，保证单位面积穗数，从而达到个体发育健壮，群体结构合理，穗足穗大，粒多粒饱，倒伏威胁小。这条途径适宜于早播、肥力较高、有灌溉条件、播种时墒情好的地块，对土壤肥力条件和栽培技术水平要求较高。

2.主茎与分蘖成穗并重

每亩基本苗16万~25万株，茎蘖数中等，在总穗数中主茎穗与分蘖穗各占50%左右。一般选用分蘖力中等或偏上、穗型较大、秆壮抗倒的品种，利用冬前分蘖成穗、群体不太大、个体发育较好，以争取较高的穗粒重而增产。这一途径适用于适期播种、肥力中上、播种质量较好的麦田，是当前大面积生产所普遍采用的基本苗类型。

3.以主茎成穗为主

基本苗较多，每亩26万~35万株，增加苗数弥补单株分蘖的不足，以争取足够穗数。这一方法适用于晚播冬小麦和分蘖力弱、成穗率低的品种。

生产上小麦播量应根据品种特性、播种期、土壤肥力、整地质量和墒情适当调整。分蘖力强、成穗率高、整地质量好、墒情足、播种期早，应适当降低播量；反之，应适当增加播量。一般来说，我省适时播种的麦田亩基本苗应控制在15万~20万株。如果抢墒早播，应适当降低播量。当播期推迟到适播期以后，每推迟一天播种，基本苗增加1万左右，但最多不宜超过35万。

四 适法播种

适法播种是选用合适的播种工具和播种作业模式，提高作业质量和效率、降低作业成本的做法。机械条播适宜行距18~23厘米、播深3~5厘米，播种机不能行走太快，速度控制在每分钟80米左右（每小时4~5千米），以保证下种均匀、深浅一致、行距一致、不漏播、不重播，消灭“三籽”（露籽、丛籽、深籽）。旋耕和秸秆还田的麦田，播种时要用带镇压装置的播种机随播镇压，踏实土壤，确保顺利出苗。

第五节　机械化精少量播种

小麦精少量播种技术，是利用机械匀播，控制并减少播量，将小麦种子按照农艺栽培要求的合理数量，播入土壤中的农机化实用技术。机械化精少量播种具有生产效率高、节省种子、播种均匀等特点，具有增蘖、壮秆、抗病、抗倒伏、促大穗、提高肥料利用率等作用，一般可增产5%~20%。

一 小麦播种机技术特征

1.配套动力

目前常用的2B系列的播种机有5行、6行、7行、8行、9行、11行、12行、14行、16行、24行等多种产品，可与8.82千瓦（含手扶拖拉机）及8.82千瓦以上的拖拉机配套使用。

2.挂接方式

播种机与拖拉机的挂接方式有牵引式、悬挂式、半悬挂式三种。

3.开沟器

开沟器有锄铲式和双圆盘式两种。锄铲式开沟器结构简单,使用起来轻便,容易制造和保养,但对播前整地要求较高,在土块大、残茬和草根多的田间作业时,容易发生缠草、壅土、堵塞等现象,工作不稳定。双圆盘式开沟器结构较复杂、自重较大,但播种时圆盘滚动前进,刃口能切割土块、残茬和草根,因此,在整地质量较差和土壤湿度较大时也能正常工作,不易粘土、堵塞,上下土层不会相混,工作较为稳定可靠。

4.排种器

排种器是播种机实现精量播种的关键部件，其性能直接影响到农作物的播种质量。常见的排种器有机械式和气力式两种类型。其中,机械式排种器结构简单,但是播种精度一般,对种子的要求较高,多用于低速作业,单粒播种难度较大;气力式结构较为复杂,需要配备风机系统和复杂的传动系统,播种精度高,对种子的要求较低,多用于高速作业和大中型播种机,可实现单粒播种。机械式排种器种类多样,应用较为广泛,其工作原理是借助种子自身重力和装置设计,将不同形状的种子粒通过排种器型孔在种箱中进行分类,随后进行排种。机械式排种器主要有窝眼轮式、外槽轮式、充种沟式以及锥盘式等类型。气力式排种装置主要可分成气吹式、压力式和气吸式三类。气吹式主要使用气体推动,投种或清出剩余的种子;压力式则主要使用差异压力来携带种子至投种区;气吸式是在压强差作用下,利用排种装置上的吸种孔产生巨大吸力,把种子吸住并转动至投种点。国内研究生产的气力式排种器主要有圆管孔式、缝隙式、负压式、气吸滚筒式等类型。大田使用的小麦播种机排种器有小槽轮、斜外槽轮、细外槽轮、螺旋细槽轮等类型。常量播种机通常使用小槽轮排种器,播种小麦排种均匀性较好。精少量播种机配置斜外槽轮、细外槽轮或螺旋细槽轮排种器。

我国小麦播种机生产厂家众多，产品性能差异较大，须根据当地农艺要求和种植习惯，选择适当的性能优良的小麦播种机。

二 精少量播种质量要求

小麦机械化精少量播种要求：①种子破损率≤0.5%；②播深合格率≥75%；③各行排种量一致性变异性系数≤3.9%；④总排种量稳定性变异系数≤1.3%。要选择当地适用的播种机械，作业前对机具进行认真的检查、保养与调整，使机具始终处于良好状态。启动拖拉机，以低挡、匀速驶进大田。作业前进行试播，试播距离不小于20米，确保各部件运转正常、灵活。作业时尽可能保持各行排种、排肥量的准确、均匀、一致，保持旋耕深度（旋耕施肥播种机械）的准确、一致，否则及时调整。尽可能保持低挡、匀速前进，不能忽快忽慢，要减少机械的震动，防止地轮的打滑、秸秆等杂物的壅塞，按时进行机械的保养。开沟器前后两排配置的播种机要考虑播后起垄现象，实行前浅后深差异化设置。机械检修、调整应在地头进行，中途不宜停车，以免造成种子断条，田头应留1~2个播幅宽度最后播种。

第六节 复式作业

“多功能、复合式作业”是现代农业机械装备的发展方向。黄淮平原农业机械化水平虽然很高，但作业环节多、过程烦琐、农业生产成本高、效益低。因此，简化小麦播种作业环节、降低作业费用、提高资源利用效率已成为当前冬小麦生产中需要解决的重要问题。大中型拖拉机悬挂多功能复合式作业机具，把机械化耕整地、施肥、机播等有机结合起来，一次进地块作业，完成传统式作业的多项内容，减少拖拉机下田次数，提高工作效率，节约能源，保证适时农事作业，对于提高小麦（玉米）单产和总产、增加农民收入具有重要意义。

近几年来，由于农村强壮劳动力多数已经转移到城市建设和工业生产中，中央与地方政府采取了对大中型农业机械装备的购机补贴政策，大中型拖拉机和农机具保有量逐年大幅度增长。同时，由于农业机械社会化服务组织逐步健全，农民购买多功能、复合式作业机械的热情逐年高涨，双轴旋耕施肥多功能播种机具有广阔的应用前景。

一 施肥播种一体机

2BS-9型化肥深施多用播种机是安徽省农业机械管理局和科学技术厅立项资助的科研成果。2BS-9型化肥深施多用播种机与20千瓦以上动力的拖拉机配套使用，适用于已经耕整过的土地且能满足超高产小麦精少量播种、宽行距、正下位深施肥等农艺种植要求。

二 旋耕施肥播种机

1.长江SGTN-180ZA型旋耕施肥播种机

长江SGTN-180ZA型旋耕施肥播种机是安徽省农业机械管理局和科学技术厅立项资助的科研成果，与47.8~58.8千瓦拖拉机配套。拖拉机悬挂GBSL-180双轴旋耕施肥多功能播种机进入作业地块，可一次性完成灭茬、耕整地、开沟、深施化肥、播种、覆土、镇压等多项作业，大大减少了拖拉机进地次数，达到降低油耗、节本增效的目的。该机采用正下位深施肥的结构技术，可提高化肥的有效利用率10%~13%，尤其可满足安徽省淮北优质商品粮基地砂姜黑土、潮土、沙质土壤地区小麦、玉米等作物超高产的农艺要求，可有效促进小麦和玉米适期、高效播种。

2.2BMQF-13旋耕施肥播种机

2BMQF-13旋耕施肥播种机由安徽省农业科学院、安徽科技学院联合研制，泗县农丰农业机械有限公司生产。配套动力100~120马力，作业幅宽2.34米，化肥播量0~115千克/亩可调。可一次性完成旋耕、施肥、播种、覆土、镇压、筑畦等多道工序。

三 免耕施肥播种一体机

免耕覆盖施肥播种选用适宜的免耕播种复式机械进行作业。它包括前茬作物秸秆和残茬覆盖地表、未耕地上的破茬开沟、深施化肥、种子处理、精密播种、农田排灌、化学除草、治虫防病等一整套技术内容,其特征是不耕地、不整地,直接播种。实践证明,免耕覆盖施肥播种机械化技术有明显的增产作用。

2BMFS系列小麦免耕播种机主要由悬挂装置、万向节、齿轮箱总成、刀轴总成、排种(肥)链传动总成、种肥箱总成、播种(肥)器、镇压轮等部件组成。主要技术指标如下:工作幅宽,1.8~2.2米;播种行数,5~7行;苗幅宽度,10~12厘米;行距,18~23厘米;施肥深度,8~12厘米;播种深度,3~5厘米;整机重量,700千克左右;配套动力,70~90马力拖拉机;作业效率,60~70亩/天。

洛阳市鑫乐机械科技股份有限公司生产的2BMQF-6/12全还田防缠绕免耕施肥播种机配套动力85~100马力,作业幅宽2.04米,化肥播量0~115千克/亩可调,耕深8~12厘米可调,可以一次性实现对种植苗带处秸秆和根茎的铡切、分离、开沟、碎土、施肥、播种、覆土、镇压、起垄等多道工序。通过更改播种装置,同一机器可实现小麦、玉米、大豆、谷子、油菜、高粱、水稻等多种农作物的免耕施肥播种。通过对圆盘锯齿开沟器的巧妙组合,将秸秆和根茬粉碎后分开放在宽垄上,擢干种湿,细化后的带墒净土有利于种子着床,镇压封墒效果好,发芽率高,苗全、苗壮。圆盘锯齿开沟器能有效解决秸秆缠绕、壅堵、难以铡切等问题,即使遇到厚层秸秆通过性也不受影响。采用双腔双管排种方式,在小垄沟双行播种,蓄水保墒效果明显,特别适宜旱作区农业积雨保墒,使墒情持续时间长,抗旱能力强。采用化肥侧位深施技术,化肥利用率高。在作业中动土面积小,不破坏土壤结构,耕哪儿种哪儿,比其他机具动力消耗降低20%,作业效率高，降低了作业成本。

四 机械化稻茬麦浅旋耕条播技术

机械化稻茬麦浅旋耕条播技术将浅旋耕、条播和机耕化三项内容有机地组合在一起，弥补了传统耕整地难、撒播费种子、种子入土深浅不一致、出苗不均匀等一系列缺陷和不足，具有明显的高产、省工、节省成本的效果。

1.作业工艺

人工平整土地（将田中高凸处削平，凹处填平）→播种前两天板茬喷洒化学除草剂→化肥底施→旋耕播种机旋耕播种→用细碎的农家肥覆盖种子→开沟机开沟覆土。

2.机具配套

先用2BG6A型稻麦条播机在未耕的稻茬地上，一次直接浅旋耕灭茬、碎土、播种、盖籽、镇压。浅旋耕深度3~5厘米，播种行距20厘米，每公顷播种量135~150千克。然后用IKSQ-35型圆盘开沟机及时开沟，以利迅速排除地表水和降低土体含水量；同时将切碎的沟土抛撒到两侧，均匀地覆盖到已播种的地表，起到覆土作用。开沟机开沟深度25~30厘米，沟距3米，左右两侧抛土幅度各为1.5米左右。如果机械条件不具备，也可分开进行，先用旋耕机旋耕，后用常量播种机播种。追肥时应使用2F-IC型化肥深施器，以提高肥料利用率。

五 复式作业质量要求

小麦旋（免）耕施肥播种机械化作业质量要求：①耕深≥8厘米；②耕深稳定性≥85%；③植被覆盖率≥55%；④种子破损率≤0.5%；⑤播深合格率≥75%；⑥各行排种量一致性变异性系数≤3.9%；⑦总排种量稳定性变异系数≤1.3%；⑧各行排肥量一致性变异性系数≤13%；⑨总排肥量稳定性变异性系数≤7.8%。侧位深施的种肥应施在种子侧下方2.5~4厘米处，肥带宽度>3厘米。正位深施的种肥应施在种床正下方，肥层与种子间的土壤隔离层应>3厘米，肥带宽度略大于种子播幅的宽度。肥条均匀连续，无明显断条和漏施。免耕施肥播种复式作业见图2–6。

图2–6　免耕施肥播种复式作业

第三章 小麦高光效群体构建

群体动态是作物栽培的核心问题之一，群体指标通常被作为确定促控措施的重要参数。构建高光效群体结构是实现高产、稳产的基础。作物产量是个体与群体协调的共同结果，高产作物群体应该在经济器官（籽粒）生长期间具有高的光合效能和干物质累积量。作物群体一直也是农学家们长期关注研究的对象。20世纪80年代，凌启鸿率先提出了“群体质量”的概念，并率其团队经过30多年的研究与推广，创立作物群体质量栽培理论与技术体系，解决了我国大面积作物由中产向高产、高产向更高产（超高产）方向发展的重大理论与有效技术途径问题。小麦高产群体特征及生理指标、动态变化已成为近年研究热点之一，构建高产群体的思路也在不断变化。由于生长环境、栽培技术等的不同，不同产量水平群体结构和产量特征存在较大差异。受生产条件、品种增产潜力、栽培技术配套等制约，加之气候变暖背景下干旱等自然灾害发生频率逐年增加、程度逐年加深，淮北地区小麦产量一直在高水平下徘徊，产量进一步提高受阻。小麦高产群体质量指标是指能不断优化群体结构，实现优质高产的各项形态、生理指标，主要包括以下几个指标体系：开花至成熟期群体干物质积累量是小麦群体质量的核心指标；适宜叶面积指数是小麦高产群体质量的基础指标；在适宜叶面积指数条件下，提高总结实粒数是增加群体花后光合产物的重要生理指标；粒叶比是衡量群体库源协调水平的综合指标；茎蘖成穗率是群体质量的诊断指标。越冬期小麦群体如图3-1所示。

图3-1 越冬期小麦群体

第一节 高产小麦的产量构成

一 淮北砂姜黑土小麦生育特点

1.根系生长弱

由于砂姜黑土耕作层浅、犁底层厚，因此小麦根系生长弱，初生根少，次生根发育晚。

2.分蘖期长，有效分蘖期短

淮北麦区越冬期的日平均气温在0℃以上，越冬期小麦分蘖不停。从11月中旬分蘖开始，一直持续到翌年起身拔节，其间经历两个盛期，一个在年前的11月中旬至12月中旬，另一个在2月中下旬。其分蘖成穗可能性以第一、第二分蘖较高，一般在80%以上。从分蘖出现的时间来看，在正常年份适期播种时，11月底以前为有效分蘖期，12月至次年1月为有效、无效分蘖期的临界期，2月以后为无效分蘖期。生产上要适期播种、培育壮苗，促进有效分蘖，减少无效分蘖。

3.幼穗分化时间长，易形成大穗

在正常播种条件下，主茎一般从分蘖期幼穗开始分化，到越冬已进入二棱期，挑旗期母细胞进行减数分裂形成四分体。从幼穗分化到四分体形成期，所经历时间在150~160天。幼穗分化时间长是该区小麦生长的一大优势，有利于增粒数、促大穗。

4.灌浆时间短、速度快、变幅大

淮北地区小麦从扬花到成熟所需时间为33~38天，大多数在35天左右，小麦籽粒灌浆成熟期在5月底，其间温度逐渐上升，灌浆速度快，中后期又常遇病虫害、干热风等不利因素影响，因而千粒重变幅较大。

二 高产麦田产量构成

有效穗数、穗粒数和千粒重是小麦产量构成的三要素，三者之间是相互制约的动态关系，某一种性状的突破性改善都能使产量大幅度提高。穗数的自身调节是对产量补偿最强有力的因素，高产田的有效穗数已趋于饱和，千粒重在遗传上是最可靠的产量构成因素，而穗粒数还有一定的增长空间。

安徽省农业科学院濉溪杨柳实验站在2016—2017年和2018—2021年的4个小麦生产周期，选定141块田，进行高产攻关、品种展示和生产试验，分别于分蘖期、越冬始、拔节、挑旗、扬花、灌浆中期和成熟期定点调查麦田群体动态。在调查的141块田中，97块田产量超过500千克/亩，平均579.1千克/亩，有效穗数44.3万穗/亩，穗粒数32.2粒，千粒重48.3克，变异系数穗粒数（18.17%）>有效穗数（17.87%）>产量（11.01%）>千粒重（10.33%）；其中，57块田超过550千克/亩。表3-1列出了不同产量水平的构成因素。由此可见，550千克/亩以上田块与500~550千克/亩田块相比，平均有效穗数、穗粒数、千粒重有不同程度的增长。

相关分析表明，产量与有效穗数呈显著正相关（r=0.246 3*[①]），与穗粒数极显著正相关（r=0.265 1**[②]），与千粒重正相关但不显著（r=0.166 7）。

① *表示在0.05水平呈显著相关，下同。

② **表示在0.01水平呈显著相关，下同。

表 3-1　不同产量水平的构成因素

产量水平	产量/(千克/亩)	有效穗数/(×10^4/亩)	穗粒数	千粒重/克
500～550	520.0±14.0	42.0±0.08	30.9±5.4	47.5±5.2
≥500	620.6±50.7	46.0±0.08	33.1±6.0	48.9±4.8

有效穗数与穗粒数显著负相关(r=–0.214 2*)，与千粒重负相关但不显著(r =–0.177 2)；穗粒数与千粒重没有相关性(r =–0.067 1)。通径分析表明，有效穗数、穗粒数和千粒重对产量的作用均以直接作用为主，有效穗数 > 穗粒数 > 千粒重(见表3–2)。

表 3-2　产量构成因素通径分析

因子	直接	有效穗数	穗粒数	千粒重	间接
有效穗数	0.353 1		−0.07	−0.036 7	−0.106 7
穗粒数	0.326 8	−0.075 6		0.013 9	−0.061 7
千粒重	0.207 3	−0.062 6	0.021 9		−0.040 7

2022年，黄淮海南区83个国审品种产量性状的平均表现为：有效穗数(40.4 ± 2.1)万穗/亩，穗粒数(33.9 ± 1.7)粒，千粒重(44.3 ± 2.3)克。

由此可见，适当增加穗粒数和千粒重，保证足够的有效穗数，促使三要素协调增加是高产、超高产的基础。

第二节　高产小麦群体动态及适宜指标

一　不同产量水平麦田的群体动态

小麦茎蘖数(S)随时间、叶面积指数(LAI)随积温呈e的二次多项式指数曲线变化；干物重(DMA)随时间变化为Logistic曲线，随积温变化为二次多项式。从表3–3可以看出：与500~550千克/亩田块相比，550千克/亩以上田块不同时期群体茎蘖数、叶面积指数均较大，而挑旗、扬花期干物重却较小。这说明550千克/亩以上田块冬前分蘖早发优势明显，花后干物质积累较多。

表 3-3　不同产量水平的麦田群体动态

生育期	产量范围/(千克/公顷)					
	7 500～8 250			8 250～10 845		
	S/(×10⁶万/公顷)	LAI	DMA/(×10³千克/公顷)	S/(×10⁶万/公顷)	LAI	DMA/(×10³千克/公顷)
基本苗	3.2±0.6			3.0±0.4		
越冬始期	14.3±3.3	1.9±0.7	2.1±0.6	16.7±2.5	2.7±0.8	2.4±0.5
返青期	16.4±3.0	3.0±0.9	4.1±1.1	16.8±2.9	3.5±0.7	4.1±0.9
拔节期	11.9±2.4	3.8±1.2	5.7±1.8	14.1±2.6	4.8±1.0	6.9±1.4
挑旗期	8.3±1.1	6.2±1.3	12.1±3.0	10.3±2.2	7.5±2.1	11.5±2.4
扬花期	6.3±1.2	5.1±1.2	17.0±3.1	6.9±1.2	5.7±0.9	15.6±2.7
灌浆中期		2.8±0.9	20.7±2.5		3.2±0.7	20.9±2.7
成熟期			23.1±3.3			23.3±3.9

注：S 表示茎蘖数，LAI 是小麦叶面积指数，DMA 是生物量干重。

二　茎蘖数与产量的关系及其适宜指标

茎蘖动态是描述群体质量最重要的指标。回归分析表明，小麦产量(Y)与越冬始期茎蘖数(S,M/公顷)和成穗率直线正相关，与拔节、挑旗期茎蘖数和有效穗数二次曲线相关(见表3-4)。据此并参照相近时期茎蘖数的相关性测算，575千克/亩越冬始至扬花期茎蘖数适宜值为(≥)：15.03、

表 3-4　不同时期茎蘖数与小麦产量的关系

时期及指标	回归方程	F 值	(偏)相关系数		575 千克/亩适宜值
			一次项	二次项	
越冬始期	$Y=7\,311.6+87.409S_{越冬}$	8.417 3**			≥15.03
返青期	$S_{返青}=8.538\,5+0.515\,9S_{越冬}$	41.605 1**	0.551 9**		≥16.41
	$S_{返青}=6.711\,9+0.755\,4S_{拔节}$	93.585 9**	0.704 5**		
拔节期	$Y=7\,745.6+5.212S_{拔节}^{2}$	16.979 7**		0.389 4**	≥12.99
挑旗期	$Y=10\,388.9-634.768S_{拔节}+45.959S_{拔节}^{2}$	30.124**	−0.221*	0.308 4**	≥9.96
有效穗	$Y=11\,328.7-1\,145.01S_{有效}+109.053S_{有效}^{2}$	5.237**	−0.174 8	0.205 3*	≥6.91
成穗率(Sv)	$Y=7\,477.058+31.018\,5Sv$	5.107 1*	0.225 9*		≥37.01

16.41、12.99、9.96、6.91，最大茎蘖数18.69，成穗率≥37.01%。小麦高产栽培要保证冬前、拔节后有较多的茎蘖数和较高的成穗率。

三 叶面积指数与产量的关系及其适宜指标

回归分析表明：小麦产量与越冬始期、扬花期叶面积指数和叶粒比(扬花期)呈抛物线关系，与返青、拔节、挑旗的叶面积系数极显著直线正相关(见表3-5)。经测算得：575千克/亩越冬始至灌浆中期适宜的叶面积指数为：2.02~3.86、≥3.07、≥4.19、≥6.71、4.92~6.88、≥2.93；叶粒比33.2~44.1粒/分米^2、1.39~1.74克/分米^2。挑旗前培植较大的绿叶面积，扬花后在适宜范围内，采取相应的栽培措施延长功能期并形成较多的结实粒数(库容)、较高的粒重(库的充实度)，是获取高产的有效途径。

表3-5 不同时期小麦产量与叶面积指数的关系

时期及指标	回归方程	F 值	(偏)相关系数		575千克/亩适宜值
			一次项	二次项	
越冬始	$Y=6\,764.9+1\,248.085LAI-161.807LAI^2$	9.541 6**	0.253*	−0.174	2.02~3.86
返青期	$Y=7\,848.96+253.141LAI$	4.878 9*	0.221**		≥3.07
拔节期	$Y=7\,486.3+271.579LAI$	12.390**	0.339**		≥4.19
挑旗期	$Y=7\,104.7+226.687LAI$	25.138**	0.457**		≥6.71
扬花期	$Y=4\,242.8+1\,386.011LAI-100.69LAI^2$	7.163 4**	0.239*	−0.195 1	4.92~6.88
灌浆中期	$Y=2.229\,4+0.113\,8LAI$	8.328 5**	0.283 9**		≥2.93
	$Y=1.466\,7+0.286\,2LAI$	18.088**	0.399 9**		
粒叶比(NLR)	$Y=5\,341.03+158.559NL-1.796NL^2$	2.549 4	0.221 3*	−0.210*	33.2~44.1
粒叶比(WLR)	$Y=3\,158.2+6\,544.117WL-1\,880.14WL^2$	3.545*	0.254 4*	−0.261*	1.39~1.74

四 干物质积累与产量的关系及其适宜指标

分析表明:小麦产量随拔节期干物重(DMA)、花后积累量的升高先升高后降低,呈显著的二次曲线关系,与扬花期干物重的平方显著负相关,与收获指数极显著正相关(见表3-6)。据此测算得:575千克/亩越冬始至灌浆中期干物重的适宜值为:2.12~2.48、3.86~4.45、5.38~7.74、11.31~12.29、≤17.03、≥21.11,花后积累5.47~11.70,收获指数≥37.47%。出苗到拔节阶段若干物质积累过少,则难以形成壮苗,大蘖偏少,不能奠定丰产基础;若干物质积累过多,则表现旺长;适当控制扬花前干物质积累使其达到适宜值,提高花后干物质积累量及其所占比例是小麦获得高产的重要途径。

表3-6 不同时期小麦产量与干物重的关系

时期及指标	回归方程	F值	(偏)相关系数		57千克/亩适宜值
			一次项	二次项	
越冬始	$Y=1.3003+0.1524DMA$	21.310**	0.428**		2.12~2.48
返青期	$Y=2.5133+0.2497DMA$	19.326**	0.411**		3.86~4.45
拔节期	$Y=5298.5+947.539DMA-61.197DMA^2$	6.555**	0.252*	-0.213*	5.38~7.74
挑旗期	$Y=9.0779+0.4148DMA$	6.8881*	0.26*		11.31~12.29
扬花期	$Y=9498.9-3.012DMA^2$	9.52**		-0.302**	≤17.03
灌浆中期	$Y=14.6668+0.3782DMA$	21.109**	0.426**		≥21.11
花后积累	$Y=7506.6+266.778DMA-11.398DMA^2$	5.7882**	0.290**	-0.231*	5.47~11.70
收获指数(HI)	$Y=6018.765+69.5635HI$	44.984**	0.567**		≥37.47

第三节 超高产小麦籽粒灌浆特征

一、超高产小麦籽粒灌浆分析

小麦开花后，穗是积累干物质的主要场所，叶片的光合产物主要供给穗部籽粒，灌浆过程是营养物质流进籽粒，以干物质积累促进粒重增长的过程。籽粒的发育过程可以分为籽粒形成(前期)、籽粒灌浆(中期)和籽粒蜡熟(后期)三个阶段。小麦籽粒灌浆过程中籽粒干物质累积增长趋势呈现“慢—快—慢”形式，其中以胚乳细胞充实为特征的籽粒灌浆期是决定最终产量的关键时期，该时期光合物质生产、同化物运转、籽粒发育对同化物的利用等综合决定了最终的产量。不同产量水平小麦籽粒粒重相比，分解籽粒灌浆参数，高产和超高产小麦籽粒灌浆参数呈不同变化特点，如表3-7所示。

表 3-7 不同产量水平籽粒灌浆参数(2011—2013 年，安徽蒙城)

产量/(千克/公顷)	起始势/天	平均灌浆速率/[毫克/(粒·天)]	前期灌浆时间/天	中期灌浆时间/天	后期灌浆时间/天	前期籽粒灌浆速率/[毫克/(粒·天)]	中期籽粒灌浆速率/[毫克/(粒·天)]	后期籽粒灌浆速率/[毫克/(粒·天)]	最终干重/(毫克/粒)
$w \leqslant 9\ 000$	0.182bB	1.256bA	19.094aA	13.076aA	18.783bA	0.396aA	1.695aA	0.345aA	39.906bA
$9\ 000 \leqslant w$	0.205aA	1.371aA	17.377bA	14.263aA	20.412aA	0.427aA	1.765aA	0.315bA	41.964aA

以不同产量水平分类比较，超高产小麦(亩产量600千克以上)较高产小麦籽粒干重相对较高。应用Richards方程分解小麦籽粒灌浆参数。方差分析表明，高产与超高产产量水平间起始势差异极显著，平均灌浆速率、前期灌浆时间、后期灌浆时间和后期灌浆速率指标差异显著。超高产水平小麦籽粒起始势较高，反映了其子房的生长潜力大，即籽粒灌浆启动较快。前期和中期灌浆速率均以超高产小麦较高，而后期灌浆速率则相

对偏低，灌浆期平均速率以超高产小麦较高。超高产小麦籽粒灌浆时间以中期和后期较长，而前期灌浆时间较高产小麦相对偏短。因此，从籽粒灌浆动态来看，超高产小麦与高产小麦相比，其籽粒灌浆启动较快，前期、中期灌浆速率较高，后期灌浆速率较低，而中期和后期灌浆时间偏长对超高产小麦籽粒干重积累具有主导作用。

二 籽粒灌浆动态

2013年4月上旬和下旬，正值小麦穗部快速生长时期，突然遭遇剧烈降温天气，致使淮北地区小麦遭受自1990年以来最严重的低温冷害，危害品种之多、面积之大为历史罕见。为此，基于不同播期和播量试验，分析低温冷害下小麦生长后期籽粒灌浆特性，应用Richards方程对两个小麦品种在不同播期、播量条件下的籽粒灌浆过程进行了拟合，定量描述和参数分解有助于揭示其阶段生理特征，同时获取一系列灌浆次级参数，分析各次级参数与单粒重之间的关系，明确不同播期小麦籽粒灌浆阶段分解特征，从而为小麦高产优质栽培和籽粒灌浆过程中合理调控提供理论依据。

同一品种两播期小麦开花期基本一致，蒙城试验点和太和试验点田间低温冷害表现基本一致，以安徽蒙城试验站数据分析说明为主。自小麦开花后第五天至完熟期，对不同播期条件下，两个品种不同密度处理进行籽粒灌浆拟合，得到Richards拟合方程和拟合度，如表3–8所示。Richards方程的拟合度R^2均在0.97以上，达到极显著水平，方程拟合效果较好。分析拟合方程中最终单粒重（参数a），即籽粒产量构成要素中的千粒重，结果表明：安徽省淮北地区以10月15日播种较好，播期提前籽粒千粒重降低，结合小麦田间生育茎蘖动态和产量构成要素分析，其主要原因是播期提前，温热资源积累增加，其群体生长动态及植株生物量增加，同时低温冷害影响加剧，也导致后期籽粒千粒重降低。

表 3-8　不同播期条件下籽粒灌浆 Richards 拟合方程和拟合度(2011—2013 年,安徽蒙城)

播期(月/日)	品种	播种密度/(×10⁴/亩)	产量/(千克/亩)	Richards 拟合方程	拟合度 R^2
10/03 早播	济麦 22	6	586.65	$42.835\,1/(1+e^{2.049\,1-0.133\,4t})^{1/0.443\,6}$	0.978 1**
		10	619.31	$42.601\,1/(1+e^{2.762\,8-0.142\,4t})^{1/0.530\,7}$	0.980 7**
		14	640.93	$41.658\,1/(1+e^{4.259\,4-0.171\,5t})^{1/0.765\,7}$	0.982 9**
		18	666.78	$39.726\,7/(1+e^{5.271\,4-0.179\,9t})^{1/1.097\,6}$	0.971 5**
	皖麦 52	6	655.73	$40.627\,7/(1+e^{2.398\,9-0.165\,8t})^{1/0.469\,8}$	0.970 7**
		10	568.88	$39.332\,9/(1+e^{4.054\,8-0.210\,6t})^{1/0.663\,6}$	0.984 7**
		14	598.62	$38.332\,9/(1+e^{5.784\,7-0.213\,9t})^{1/0.901\,4}$	0.985 3**
		18	632.66	$37.173\,9/(1+e^{6.824\,4-0.215\,9t})^{1/1.201\,3}$	0.988 2**
10/15 适播	济麦 22	6	649.39	$44.890\,4/(1+e^{2.644\,4-0.193\,3t})^{1/0.423\,1}$	0.973 3**
		10	646.04	$44.802\,1/(1+e^{2.746\,2-0.176\,3t})^{1/0.417\,4}$	0.970 6**
		14	580.41	$43.325\,4/(1+e^{2.706\,0-0.160\,1t})^{1/0.408\,4}$	0.978 7**
		18	605.51	$41.512\,2/(1+e^{3.210\,1-0.148\,8t})^{1/0.517\,4}$	0.974 5**
	皖麦 52	6	622.42	$42.280\,7/(1+e^{2.211\,7-0.156\,3t})^{1/0.415\,1}$	0.973 9**
		10	651.67	$41.659\,9/(1+e^{3.542\,5-0.186\,1t})^{1/0.537\,1}$	0.980 5**
		14	653.01	$40.436\,7/(1+e^{3.861\,3-0.168\,2t})^{1/0.636\,4}$	0.971 2**
		18	567.27	$39.124\,1/(1+e^{5.566\,9-0.191\,8t})^{1/1.028\,4}$	0.975 7**

同一播期条件下,两个品种单粒重变化趋势基本一致,济麦22相应处理单粒重均高于皖麦52,同一品种随密度的增加其单粒重呈降低趋势。表明相同播期条件下随播种密度增加,其千粒重呈降低趋势。

选取部分处理对拟合方程求一阶导数得到灌浆速率方程,如图3-2所示。Richards灌浆速率模型主要是由形状参数d所决定的一簇曲线。当$0<d<1$时,速率曲线中最大生长速率位置点(拐点)介于0.367 9a~0.500a(a为最终单粒重)对应时间点,速率曲线向左偏移;当$d>1$时,速率曲线中最大生长速率位置点(拐点)大于0.500a对应时间点,速率曲线向右偏移,随d值增大其拐点对应时间点趋向于最终粒重时间。同一播期条件下,济麦

22和皖麦52籽粒灌浆速率变化基本一致，低密度N1处理灌浆速率高于高密度N4处理。两个品种适期播种灌浆速率高于早播处理，最大灌浆速率值的变异系数为13.74%（济麦22）和8.38%（皖麦52）。结果表明，早播条件下，灌浆前期生长缓慢，且最大灌浆速率偏低，结合天气要素推测可能为早播条件下抽穗末期受冷害影响，其穗部小花分化与结实特性异常。

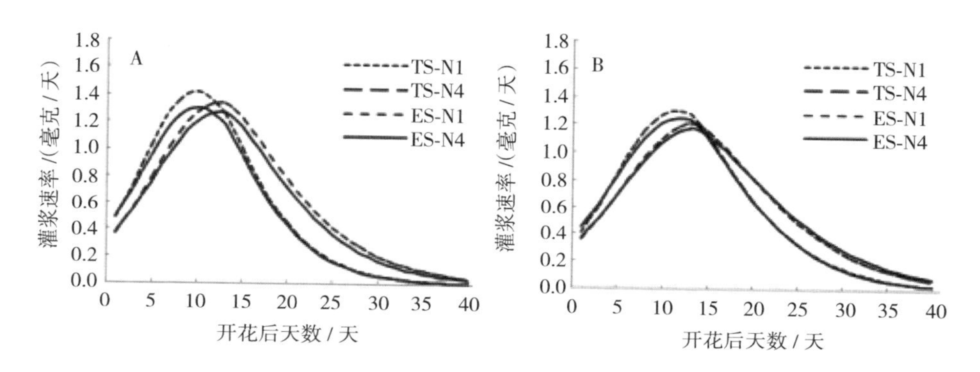

图3-2 不同播期济麦22（A）和皖麦52（B）在6万苗/亩和18万苗/亩密度下籽粒灌浆速率曲线（2011—2013年，蒙城）

三 籽粒灌浆次级参数分解

通过Matlab编程对Richards模型进行仿真模拟，得出一系列小麦灌浆特征次级参数，如表3-9所示。不同播期间各参数存在一定的规律性，其中，参数R_0、V_{mean}、T_2、V_{P1}和V_{P2}以适播较高，参数T_1、T_3和V_{P3}以早播较高。相同播期条件下，两个品种随密度变化趋势基本一致，随密度增加参数T_1和V_{P3}逐渐增加，参数R_0、V_{mean}、T_2、T_3、V_{P1}、V_{P2}和W_{max}则呈降低趋势，参数V_{mean}、T_2、T_3和V_{P1}以济麦22较高，其余参数则以皖麦52较高。

籽粒灌浆起始生长势大小反映了其子房的生长潜力。R_0值较小，则籽粒灌浆启动缓慢。播期间以早播籽粒灌浆的起始势R_0较低、灌浆中期时间（灌浆盛期）较短、前期和中期的灌浆速率均相对较低，籽粒灌浆时间和速率的影响导致了籽粒最终干重降低。

表 3-9 不同播期籽粒灌浆次级参数(2011—2013 年,蒙城)

播期(月/日)	品种	密度/(×10^4/亩)	起始势(R_0)/天	平均灌浆速率(V_{mean})/[毫克/(粒·天)]	前期灌浆时间(T_1)/天	中期灌浆时间(T_2)/天	后期灌浆时间(T_3)/天	前期籽粒灌浆速率(V_{P1})/[毫克/(粒·天)]	中期籽粒灌浆速率(V_{P2})/[毫克/(粒·天)]	后期籽粒灌浆速率(V_{P3})/[毫克/(粒·天)]	最终干重(W_{max})/(毫克/粒)
10/03 早播	济麦 22	6	0.210 5	1.527 9	12.916 0	15.656 5	25.929 4	0.467 2	1.684 2	0.271 5	42.835 1
		10	0.187 8	1.398 2	15.638 5	14.069 7	24.073 4	0.426 6	1.549 1	0.271 9	42.601 1
		14	0.156 8	1.289 9	19.124 5	12.813 8	19.532 3	0.414 3	1.522 5	0.332 3	41.658 1
		18	0.114 7	1.238 9	21.309 6	11.708 1	18.065 3	0.399 7	1.506 2	0.355 4	39.726 7
		CV	24.78%	9.13%	21.53%	8.01%	11.46%	9.94%	8.39%	11.10%	3.39%
	皖麦 52	6	0.247 0	1.291 6	12.996 2	13.850 8	22.196 8	0.465 3	1.975 2	0.282 2	40.627 7
		10	0.222 1	1.198 6	17.436 8	12.720 8	20.166 3	0.424 6	1.760 6	0.417 6	39.332 9
		14	0.166 1	1.169 2	21.507 7	12.043 1	18.408 5	0.356 3	1.673 8	0.495 6	38.332 9
		18	0.125 8	1.153 6	24.399 2	11.527 9	17.048 3	0.355 6	1.631 1	0.581 6	37.173 9
		CV	28.74%	12.39%	26.01%	12.51%	16.94%	13.49%	9.17%	22.89%	5.78%
10/15 适播	济麦 22	6	0.319 8	1.790 5	12.276 0	17.075 5	23.069 2	0.494 5	2.104 8	0.232 7	44.890 4
		10	0.295 6	1.633 7	14.125 8	16.424 6	21.685 3	0.435 1	1.902 5	0.260 6	44.802 1
		14	0.274 4	1.401 4	15.460 5	14.949 3	18.673 9	0.438 3	1.852 6	0.311 3	43.325 4
		18	0.201 3	1.426 9	18.173 3	14.536 6	17.932 9	0.415 2	1.684 9	0.348 7	41.512 2
		CV	18.75%	5.95%	16.53%	6.14%	9.08%	7.64%	5.18%	8.36%	2.63%
	皖麦 52	6	0.263 5	1.554 9	12.554 3	14.442 8	20.805 5	0.470 8	2.019 8	0.260 6	42.280 7
		10	0.242 5	1.413 0	16.079 8	14.328 0	16.063 3	0.448 5	1.851 7	0.334 9	41.659 9
		14	0.185 0	1.363 7	18.479 5	13.817 7	15.463 3	0.382 1	1.758 5	0.348 1	40.436 7
		18	0.130 5	1.253 5	21.969 6	12.591 4	14.918 5	0.365 5	1.660 5	0.492 3	39.124 1
		CV	23.18%	11.76%	22.97%	7.63%	11.98%	10.20%	8.70%	16.59%	3.42%

两个品种在不同播期条件下各参数的变异系数(*CV*)变化趋势基本一致,各参数变异系数均以早播条件下较高,同一播期品种间变异系数以皖麦52各处理相对较高,参数R_0、T_1和V_{P3}变异系数较大。结果表明,早播条件下灌浆参数易受环境影响而波动,品种间则以济麦22稳定性较好。结合田间冷害调查结果,孕穗期至抽穗期低温冷害是导致早播条件下单粒重降低的主要因素。

四 籽粒灌浆参数与粒重间关联分析

由9个籽粒灌浆次级参数和单粒重构成一个灰色系统，为了研究各要素间相对变化情况，选择关联性分析对其定量化描述，结果如表3-10所示。早播条件下，与单粒重关联性较高的参数为T_2（0.871 1）、T_3（0.809 6）、V_{mean}（0.777 5）和V_{P2}（0.761 6）。适播条件下，与单粒重关联性较高的参数为T_2（0.906 1）、R_0（0.873 8）、V_{mean}（0.837 2）和V_{P2}（0.805 6）。分析表明，两播期条件下，中期灌浆时间与单粒重间均有较高关联性，而其次的关联参数中，播期间表现不一致，早播时后期灌浆时间对增加单粒重具有积极意义；而适播条件下，中期灌浆时间和起始势的大小对单粒重影响相对较大。

表 3－10　籽粒灌浆参数与粒重间关联系数（2011—2013 年，蒙城）

关联系数	播期（月/日）	起始势（R_0）	平均灌浆速率（V_{mean}）	前期灌浆时间（T_1）	中期灌浆时间（T_2）	后期灌浆时间（T_3）	前期籽粒灌浆速率（V_{P1}）	中期籽粒灌浆速率（V_{P2}）	后期籽粒灌浆速率（V_{P3}）
最终干重（W_{max}）	10/03 早播	0.532 4	0.777 5	0.491	0.871 1	0.809 6	0.469 8	0.761 6	0.477 4
	10/15 适播	0.873 8	0.837 2	0.458 3	0.906 1	0.799 5	0.622 1	0.805 6	0.478 9

注：W_{max}：最终干重；R_0：起始势；V_{mean}：平均灌浆速率；T_1：前期灌浆时间；T_2：中期灌浆时间；T_3：后期灌浆时间；V_{P1}：前期籽粒灌浆速率；V_{P2}：中期籽粒灌浆速率；V_{P3}：后期籽粒灌浆速率。下同。

五 籽粒灌浆参数与粒重间通径分析

通径分析可以分析自变量对因变量的直接作用，也能比较其间接作用。分解小麦籽粒灌浆过程，其中起始势、时间因素和灌浆速率为决定性要素，分析不同播期条件下各要素对单粒重的通径系数，结果如表3-11所示。由直接通径系数可知，两播期条件下各要素对单粒重影响趋势一致，其影响程度间存在差异。早播条件下，对单粒重影响最大的直接通径系数为T_2（P_{T_2}=1.135 7），其次分别为R_0、T_3、V_{P1}和V_{P2}，另外，T_1和V_{P3}对单粒重影响为负效应。适播条件下，对单粒重影响最大的直接通径系数为T_2

(P_{T_2}=2.494 2),其次分别为V_{P2}、R_0、T_3和V_{P1}。另外,T_1和V_{P3}对单粒重影响为负效应。因此,淮北地区小麦籽粒灌浆过程中延长中后期灌浆时间和提高灌浆起始势对于增加千粒重具有重要作用。

由间接通径系数可知，播期间各间接通径系数正负影响效应变化基本一致。起始势R_0通过T_2、T_3和V_{P1}对单粒重为正效应,通过T_1和V_{P3}为负效应;前期灌浆时间T_1通过R_0、T_2和T_3对单粒重为正效应,通过V_{P2}和V_{P3}为负效应;中期灌浆时间T_2通过R_0、T_3和V_{P2}对单粒重为正效应,通过T_1、V_{P1}和V_{P3}为负效应;后期灌浆时间T_3通过T_1和V_{P3}对单粒重为正效应,通过R_0、T_2、V_{P1}和V_{P2}为负效应。T_2和R_0对籽粒灌浆过程的影响中,T_2的直接系数较高,其他间接性作用影响不大。而R_0的直接系数(R_{ES}=0.946 3,R_{TS}=1.801 9)小于间接系数($P_{ES-R_0\to T_2}$=1.407 8,$P_{TS-R_0\to T_2}$=1.631 7)对单粒重的影响,表明起始势R_0对单粒重的影响主要是通过中期灌浆时间T_2的间接作用来实现的。

表 3-11　不同播期籽粒粒重与灌浆参数间通径分析(2011—2013,蒙城)

直接通径系数		间接通经系数						
		起始势(R_0)	前期灌浆时间(T_1)	中期灌浆时间(T_2)	后期灌浆时间(T_3)	前期籽粒灌浆速率(V_{P1})	中期籽粒灌浆速率(V_{P2})	后期籽粒灌浆速率(V_{P3})
起始势(R_0)	0.946 3		−0.642 9	1.407 8	−0.538 1	0.722 6	0.291 7	−1.124 6
	1.301 9		−1.110 4	1.631 7	1.199 2	0.393 1	0.629 5	−1.059 8
前期灌浆时间(T_1)	−0.194 2	1.323 8		1.017 9	1.503 8	0.676 9	−1.093 8	−1.288 3
	−0.080 2	0.072 1		0.193 6	0.582 1	0.007 2	−0.524 9	−1.162 3
中期灌浆时间(T_2)	1.135 7	0.760 8	−0.368 6		0.589 4	−0.070 3	0.863 8	−0.614 9
	2.494 2	1.546 5	−0.060 7		0.639 4	−0.048 3	1.106 4	−0.344 7
后期灌浆时间(T_3)	0.843 9	−1.566 6	1.856 5	−0.087 4		−0.143 1	−1.157 5	0.405 4
	1.137 5	−0.146 5	1.350 6	−0.040 2		−0.091 1	−0.260 7	0.275 2
前期籽粒灌浆速率(V_{P1})	0.569 6	0.832 8	−0.704 6	0.225 4	0.277 1		−1.154 7	0.467 7
	1.209 7	0.081 4	−0.228 3	0.348 5	0.153 8		−0.223 9	0.162 8
中期籽粒灌浆速率(V_{P2})	0.458 4	−0.426 3	0.280 1	−0.107 2	0.375 1	0.131 8		0.161 7
	2.193 9	−0.010 6	0.403 5	−0.060 5	0.960 4	0.077 8		0.026 9
后期籽粒灌浆速率(V_{P3})	−0.560 5	−0.438 4	0.749 5	−0.183 6	−1.225 8	0.365 6	−0.215 8	
	−0.196 5	−0.169 2	0.139 6	−0.132 2	−0.703 2	−0.224 8	−0.121 7	

注:同组数据上面数据为早播条件,下面数据为适播条件。

由此可知，将籽粒灌浆过程分解为起始势、灌浆阶段时间和阶段速率,可以明确各阶段特征对籽粒灌浆的效应。起始势与小麦籽粒胚乳细胞分裂周期和分裂速度极显著正相关,无论在早播还是适播条件下对单粒重均具有积极的正效应。灌浆中后期时间的延长有利于单粒重的增加,而灌浆前期时间的增加则具有负效应。前期和中期籽粒灌浆速率的提高有利于单粒重的增加,后期籽粒灌浆速率则具有负效应,结合各次级参数与单粒重的关联性分析,可以表述为后期籽粒灌浆速率对单粒重的贡献较小。

气候观测和调查分析表明,黄淮地区是小麦霜冻多发区。本研究选择关联分析和通径分析解析不同播期处理条件下小麦籽粒灌浆的次级参数,关联分析结果表明:春季低温冷害发生时,不同播期小麦籽粒中期灌浆时间与单粒重间均有较高关联性。关联参数分析中,早播时后期灌浆时间对增加单粒重具有积极意义,而适播条件下,起始势的大小对单粒重影响较大。淮北地区小麦籽粒灌浆过程中延长中期灌浆时间和提高灌浆起始势对于增加千粒重具有重要作用。通径分析也表明,春季低温冷害发生时,无论在早播还是适播条件下起始势对单粒重均具有积极的正效应。灌浆中后期时间的延长有利于单粒重的增加,而灌浆前期时间的增加则具有负效应。前期和中期籽粒灌浆速率的提高有利于单粒重的增加,后期籽粒灌浆速率则具有负效应,即表述为后期籽粒灌浆速率对单粒重的贡献较小。因此,春季低温冷害发生后,小麦速效肥料的补充和生长后期叶面肥的配施对于提高灌浆起始势和延长中后期灌浆时间、增加籽粒干重具有重要作用。

第四节　高产小麦群体调控技术

一　促—控—促管理原则

1.播种－越冬期“促”

小麦从播种出苗到进入越冬期前，个体和群体未达预定指标，在管理上以“促”为主。小麦播种前的精选种子、细致整地、足墒、适期播种、施足基肥等都是为了小麦播后出苗整齐、生长健壮，为早生根、早分蘖打下基础，这都属于“促”的范围。小麦出苗后，如天气干旱或气温偏低等，都会抑制其生长，预计到进入越冬期时达不到预定指标，则应采取相应的灌溉造墒、中耕等措施，促进麦苗的生长。

2.越冬－拔节期“控”

进入越冬期时麦田个体和群体达到预定的指标。随着气温的下降，麦苗地上部分逐渐停止生长。这样小麦的生长发育与季节同步。而实际上，由于受多种因素的影响，特别是气温偏高，小麦生育进程加快，部分麦田的个体和群体会提前达到预定指标，对这类麦田不能任其生长，应当采取“控”的措施，年后在对开春后达预定指标的麦田“控”的同时，还应对入冬前和在越冬期时达预定指标的麦田进行控制。

3.拔节－灌浆期“促”

拔节标志着小麦逐步转入以生殖生长为主的生育后期，这时小麦的分蘖不再滋生，无效分蘖正在枯萎退化，成穗数也已基本稳定，幼穗进入小花分化阶段，在管理上要适当地“促”。最高茎蘖数高于目标成穗数2.5倍麦田以“控”为主，起身前镇压或喷施多效唑、壮丰胺、稀效唑等化控剂，追肥后移至倒二叶露尖。

二 高产小麦田间管理

1.前期管理

生育前期(苗期),一般指从出苗到起身之前的整个时期。小麦在这段时期的生育特点是以出叶、分蘖、生根等营养器官生长为主,同时幼穗也在分化小穗原基,是决定穗数和每穗小穗数且奠定大穗的时期。冬前管理以“促”为主。

(1)主攻目标

在全苗、匀苗的基础上,进行早期肥水促进,促使小麦早分蘖、长大蘖、盘好根,确保第1、2位分蘖不缺位,为实现壮苗越冬、争取合理成穗和成大穗奠定基础。

(2)主要管理措施

及时查疏补。小麦出苗后及时查苗、补苗、疏苗。因播种机故障造成的个别缺苗断垄或漏播,及时浸种带水补种,杜绝10厘米以上的缺苗和断垄现象。待麦苗长到4~5叶期,结合疏苗和间苗,带水移栽补苗。

化学除草。在小麦3~5叶期、杂草2~4叶期,选用甲基二磺隆防治节节麦,选用啶磺草胺、氟唑磺隆及其复配制剂防治雀麦,选用唑啉草酯、炔草酯等药剂及其复配制剂防治野燕麦、多花黑麦草,选用双氟磺草胺、二甲四氯钠、氯氟吡氧乙酸、唑草酮、双唑草酮等药剂及其复配制剂防治播娘蒿、荠菜等阔叶杂草。

水分管理。淮北地区小麦三叶期后到越冬期(11月下旬至12月上旬),秸秆还田、土壤镇压不实或旱情较重,田块应及时冬灌。对基施氮肥不足的地块和苗稀苗弱地段,结合浇水适量追肥。浇水后及时进行划锄保墒。淮南地区结合冬春农田水利建设,对秋种时麦田未开三沟或三沟不通、排水沟系不配套的田块进一步完善,确保排水通畅,预防渍害发生。

因苗分类管理。弱苗:对因土壤肥力和墒情不足引起的弱苗,应早管早促,先追肥后浇水,及时中耕松土,促进根系生长和分蘖发生,迅速变弱苗为壮苗。因晚播引起的弱苗，由于积温不够，叶片短小，分蘖生长缓慢，易受冻害而呈紫色。这类麦苗除缺墒严重时，一般不宜浇水，以免地温下降，更不利发苗。应强调浅锄松土，保墒增温。在越冬期间，结合施用腊肥，促进麦苗多发分蘖。旺苗：旺苗可引起早春冻害、后期倒伏和病害严重发生，进而造成大幅度减产。对因底肥足、墒情好引起的旺苗，应深锄一次，以切断老根，减少养分吸收，抑制冬前和春季分蘖，促进大蘖成穗；对因密度过大或播种早而形成的旺苗，则应采用石磙镇压，借以阻止大蘖徒长，压制小分蘖的发生。

2.中期管理

生育中期，一般指从起身到抽穗之前的整个时期，是小麦一生中生长发育最旺盛的时期。生育特点：叶面积迅速增长，茎秆节间急剧伸长，根系向纵深发展，幼穗不断分化和增大，小穗、小花结实器官建成，这一阶段是营养生长与生殖生长同时并进，是巩固分蘖成穗，决定穗粒数的关键时期，也是群体与个体矛盾比较突出，需水需肥最多的时期。

(1)主攻目标

在冬季管理的基础上，因苗、因地、因时管理，促控结合，巩固有效分蘖，保证穗数，培育壮秆大穗，并为增加粒重奠定基础。

(2)主要管理措施

水分管理。淮北地区如遇春旱，有水源条件的应进行春灌，尤其是要结合施用拔节肥进行灌溉；而淮南地区，春雨较多，土壤湿度较大，常出现渍害，为此，要注意经常清理田间排水沟，疏通排水渠道，降低麦田地下水位。

综合防治病虫害。在小麦返青到拔节期间，当纹枯病发病株率达到20%时，每亩用浓度为20%的井·蜡芽(纹真清)悬浮剂100毫升，或浓度为12.5%的烯唑醇可湿性粉剂50克，加水30~40千克喷雾防治。蚜虫达到500头/百株的田块，同时加浓度为24%的抗蚜·吡虫啉可湿性粉剂20~30克或浓度为20%的啶虫脒可湿性粉剂15克或浓度为10%的吡虫啉可湿性粉剂（大功臣、蚜虱净）30克进行综合防治。麦蜘蛛达到600头/米行长的田块，同时加浓度为5%的阿维菌素乳油30毫升喷雾防治。

化学除草。春季化除宜早不宜迟，当日均温度回升到5℃以上时即可开始，严格按照推荐药量使用，防止产生药害，在拔节前结束。防除阔叶杂草：每亩用浓度为20%的氯氟吡氧乙酸（使它隆、麦彪）乳油50~60毫升或浓度为5.8%的双氟·唑嘧胺（麦喜）悬浮剂10毫升兑水喷雾；防除看麦娘等禾本科杂草：每亩可选用浓度为6.9%的精恶唑禾草灵（骠马）浓乳剂100毫升或浓度为15%的炔草酸（麦极）可湿性粉剂30~40克兑水喷雾；防除单、双子叶混生杂草：每亩选用浓度为7.5%的啶磺草胺水分散剂（优先）12.5克，也可用浓度为6.9%的精恶唑禾草灵浓乳剂100毫升或浓度为15%的炔草酸可湿性粉剂30~40克加浓度为20%的氯氟吡氧乙酸乳油50毫升兑水喷雾。

控旺防冻。播种量过大的麦田，应采取措施控制旺长，防止小麦早春冻害和减轻后期倒伏。一是镇压控旺。小麦起身前可用石磙、油桶装入沙子或耙翻过来顺麦行镇压，注意地湿不压，有露水或土壤结冰时不压。二是化控控旺。当气温回升到日平均温度5℃以上时，于上午10时至下午4时前喷施化学调节剂。一般用浓度为10%的多效唑可湿性粉剂40~50克/亩，或浓度为5%的烯效唑20~40克/亩，或壮丰安每亩40~50毫升，兑水30千克于小麦返青—起身期间均匀喷施麦苗。小麦化控必须在拔节前结束。三是中耕控旺。小麦返青后利用气温回升的间隙，于中午土壤化冻之后及时划锄，能够踏墒保墒，提高地温，促进根系发育，又能防除杂草。

弱苗转壮。对播种晚、长势差的田块，返青期趁雨雪每亩追施复合肥8~10千克或尿素3~5千克，促弱转壮，有利于小麦均衡生长；对整地粗放造成的弱苗，应采取镇压、浇水、浇后浅中耕等措施来补救；对低洼地、稻茬麦田弱苗，应加强中耕松土和田间排水，散墒通气；对底肥不足造成的弱苗，应结合浇水，追施氮、磷等速效肥料，使之尽快变为壮苗。

防范低温冻害。在寒流到来之前对干旱麦田及时进行浇灌，保证墒情充足，可以减轻低温冻害的程度。冻害发生后，及时追施速效肥或喷施叶面肥，如尿素和磷酸二氢钾的混合液或美洲星、富万钾、黄腐酸叶面肥等，促进小麦恢复生长。

3.后期管理

小麦生育后期，一般指从抽穗之前到成熟的整个时期，这个阶段的生育特点是根、茎、叶的生长基本停止，生长中心转移到穗部开花、受精结实、籽粒灌浆、产量形成，是最后决定粒数和增加粒重的时期。

（1）主攻目标

防止早衰、病虫等自然灾害，养根保叶，提高粒重和籽粒品质。

（2）管理措施

叶面喷肥。小麦生长后期，根系进入衰老阶段，吸收能力减弱，而根外追肥则能弥补根系吸收能力的不足。在灌浆后期可用1%~2%的尿素溶液进行叶面喷洒。对缺磷麦田可加喷0.2%~0.3%的磷酸二氢钾溶液，亦可喷施美洲星等叶面肥。

防虫治病。小麦生育后期是多种病虫害发生的主要时期，要注意麦蚜、白粉病、赤霉病、锈病等病虫害的发生动态，及时进行一喷多防。

第四章 优质小麦化肥减量增效技术

肥料是小麦产量形成的物质基础，也是影响小麦产量和品质最为活跃的因素，合理施用化肥是实现小麦高产优质高效的重要措施。近年来，随着生产条件的改善和新品种、新技术的推广，砂姜黑土区小麦产量水平有了较大幅度的提高，各地不断涌现出亩产600千克以上的高产典型，但从目前大面积生产情况看，盲目施用化肥的问题仍较为突出，因氮磷化肥施用不当而造成的倒伏、减产等现象时有发生。

第一节 高产小麦需肥规律

一 土壤供肥特性

大量研究表明，小麦一生吸收利用的养分，约有2/3来自土壤贮存的养分，1/3左右来自当季施用的肥料，了解土壤的供肥特性对肥料的合理运用极为重要。

土壤供氮量是衡量土壤基础肥力的主要指标，也是确定施肥量的重要参数之一，它与不施肥条件下的小麦产量密切相关。基础肥力产量（空白区产量）同土壤全氮含量呈显著正相关，土壤可供氮量占全氮量的比例随着全氮含量的增高而下降。淮北砂姜黑土小麦一生中的供氮强度以开花至成熟阶段最高，以越冬期前后最低，土壤供氮量各生育阶段均不能满足高产小麦的需求。

小麦各生育时期，土壤碱解氮含量随着施氮量增加而逐渐增加，随生育进程推进，土壤碱解氮含量呈波形变化，以拔节期含量较高。小麦产量与土壤全量氮、磷、有机质、碱解氮和速效磷均呈极显著正相关，与速效钾呈显著正相关。随基础肥力水平的提高，小麦主要品质指标均有所改善。

二 高产小麦需肥特性

淮北地区高产小麦植株体内氮、磷、钾素含量，呈峰谷或直线下降的变化趋势。在拔节以前，相对含量均较高，但在越冬始期由于气温低，根系吸收能力有所下降，三者含量在越冬期出现了较前后两期有所下降的趋势，拔节后基本随生育进程依次渐降。淮北地区超高产小麦对氮素吸收有两个高峰：第一高峰在分蘖至越冬期，吸收强度达到90.7克/(亩·天)；第二高峰在拔节至孕穗期，吸收强度达到196.6克/(亩·天)。磷素积累量在前期相对较少，后期增长较快，越冬、拔节、开花期吸收量分别占吸收总量的8.54%、8.32%和30.15%，开花至成熟期吸收量最多。磷素的两个吸收高峰分别在分蘖至越冬期和开花至成熟期。钾素吸收的明显特点是开花前与日俱增，开花后停止吸收，出现养分倒流现象。

增施氮素不仅有利于植株对氮的吸收，而且还能提高磷、钾素的营养水平。小麦一生中各主要生育阶段植株吸氮量与籽粒产量大都呈极显著正相关，植株吸收磷、钾量与籽粒产量的关系大都呈极显著或显著正相关和显著二次曲线相关。淮北地区亩产量为400千克左右，每形成100千克籽粒需消耗氮2.82~3.38千克、五氧化二磷1.00~1.36千克、氧化钾2.24~3.60千克，平均值分别为3.10千克、1.18千克和2.92千克，三者之比为2.63：1.00：2.47。籽粒产量600千克/亩以上，每形成100千克籽粒消耗的氮、五氧化二磷、氧化钾量分别为3.24千克（2.98~3.62千克）、1.20千克（1.12~1.29千克）、3.28千克(2.40~3.98千克)。超高产小麦品种形成100千克籽粒消耗的氮、磷量较其他品种多，消耗的钾量较其他品种少。

三 施肥措施的产量品质效应

磷素的增产效应相对来说要小于氮素，每千克磷肥(P_2O_5)的增粮数随基础肥力增高而降低，单施磷的增产作用明显小于同氮素配合施用的作用。氮素用量与公顷穗数、穗粒数呈极显著正相关，与千粒重均呈极显著负相关。氮、磷肥施量与籽粒蛋白质含量的关系表现为极显著的线性相关，氮素为正效应，磷素为负效应。氮肥利用率同氮、磷肥供应水平呈显著线性关系，施用氮肥能显著提高磷肥利用率。

施氮量在0~24千克/亩范围内，烟农19和皖麦50最高产量的氮肥用量分别为15.03千克/亩和18.77千克/亩，最高产量分别为632.63千克/亩和634.92千克/亩。随拔节期追肥比例的增加，穗数呈下降趋势，而每穗粒数和千粒重则反之。淮北地区小麦实现亩产量600千克超高产栽培的适宜氮肥施量为16~18千克/亩，氮肥基追比例为(4∶6)~(5∶5)，以拔节期至孕穗期追肥较为适宜。拔节期追肥比例要高于中高产条件下的7∶3，传统的氮肥“一炮轰”运筹方式难以达到每亩产600千克的超高产水平。

施氮量对不同类型专用小麦(强筋、中筋、弱筋)籽粒营养品质和加工品质均有一定的调节效应，皖麦38(强筋)、皖麦44(中筋)和皖麦18(弱筋)三品种籽粒蛋白质的绝对含量差异较大，皖麦38和皖麦44均是随施氮量增加其蛋白质含量直线上升，呈极显著正相关；而皖麦18则与施氮量呈二次曲线关系。弱筋品种达到最大蛋白质含量的施氮量要低于中强筋品种。氮肥对强筋品种蛋白质含量调节效应大于中筋品种。氮肥不同基追比例对烟农19和皖麦50籽粒品质的影响趋势基本一致，粗蛋白、湿面筋和沉降值均随拔节期追肥比例增加而显著提高，均以4∶6处理最高，10∶0最低。烟农19基追比例(4∶6)~(5∶5)处理和皖麦50基追比例(4∶6)~(6∶4)处理的蛋白质和湿面筋含量方可达到国标优质强筋麦标准。在同等栽培条件下，优质小麦的需氮量要明显高于普通小麦，氮素的增产作用优质小麦小于普通小麦。

第二节　优质小麦减量施肥技术

一　平衡施肥

平衡施肥，即配方施肥，是依据作物需肥规律、土壤供肥特性与肥料效应，在施用有机肥的基础上，合理确定氮、磷、钾和中微量元素的适宜用量和比例，并采用相应科学施用方法的施肥技术。测土配方施肥技术的核心是调节和解决作物需肥和土壤供肥之间的矛盾，合理供应和调节作物必需的各种营养元素，以满足作物生长发育的需要，从而达到提高产量和改善品质、减少肥料浪费、防止环境污染的目的。测土配方施肥包括三个过程：一是对土壤中有效养分进行测试，了解土壤养分含量的状况，这就是测土；二是根据要种植的作物预计要达到的产量，即目标产量，然后根据这种作物的需肥规律及土壤养分状况，计算出需要的各种肥料及用量，这就是配方；三是把所需的肥料进行合理安排，即基肥、追肥以及合理的基追比例和施用技术，这就是施肥。

小麦氮素运筹，首先要施足基肥，其用量占总施氮量的70%左右，满足分蘖—越冬始第一吸氮高峰的需要；拔节期看苗追施30%的拔节肥，满足拔节—孕穗阶段第二吸氮高峰的需要。磷、钾肥以基施为主，也可以大部分（80%左右）基施、少部分拔节期追施。以复合肥为主体的施肥方案为：每亩基施20-12-14（氮-五氧化二磷-氧化钾）的复合肥50千克，拔节—倒二叶露尖追施尿素10~12千克。拔节期追肥如图4-1所示。

图4-1　小麦拔节期试验小区增施氮肥

二 新型肥料应用

安徽省农业科学院蒙城基施试验表明，控释尿素配合普通尿素施用，可以实现肥料间肥效接力，弥补控释尿素前期释放过慢脱肥，中后期氮素供应充足不脱肥，及时供给小麦生长所需养分。控释尿素处理蛋白质含量、沉降值和湿面筋含量显著高于施用普通尿素处理。施用控释尿素处理氮肥利用率显著高于普通尿素一次基施，增幅在13.66%~21.11%；控释尿素配合普通尿素施用氮肥利用率优于单施控释尿素及施用抑制剂处理。施氮能够有效提高耕层土壤无机氮含量，施用控释尿素较普通尿素在小麦生育中后期更能有效提高土壤耕层无机氮含量，控释尿素配施普通尿素处理在小麦生育前期普通尿素提供无机氮，中后期控释尿素提供无机氮，使小麦整个生育期土壤耕层保持较高无机氮含量。

安徽省农业科学院濉溪杨柳农业科学实验站以土壤改良剂和10种不同类型的新型肥料为材料，分析不同肥料处理对小麦产量、经济效益及氮素利用的综合影响。结果表明，不同新型肥料及土壤改良剂对小麦的增产效果不同，与常规肥基施、推荐肥基追结合相比分别增产2.1%~8.7%、1.3%~7.9%，氮肥偏生产力分别提高2.1%~8.7%、0.6%~7.1%，氮肥农学效率分别提高18.7%~77.0%、10.1%~64.2%。总养分含量为48%的增效肥、控失肥和活性碳肥三种新型肥料，其综合效果较优，一次性基施技术可替代推荐施肥。

安徽省农业科学院濉溪杨柳农业科学实验站研究表明，帝元控失肥、金满楼控失肥、活性尿素BB肥、硫包衣缓释肥、活性增效肥、炭基长效肥、保持性复合肥、淮海控失肥、瑞虎控失肥和辣妹子控失肥等10种新型复合肥和两种普通肥料（帝元复合肥、金满楼复混肥）施用量试验表明：施肥区新型肥料与普通肥料的产量差异不显著，不同施肥量间差异显著。复合（混）肥施用量与产量呈二次曲线关系，新型肥料在减量3.1%~15.9%施肥的情况下，与普通肥料产量相近或略增。

三 有机肥替代

有机肥和复合肥配施是持续提高作物产量、培肥地力的有效途径。化肥彻底突破了传统农业依赖于地力自然恢复的瓶颈，促使粮食产量呈现指数级增长。化肥不科学、过量施用，农家肥施用急剧减少，造成了作物产量不稳和资源与能源浪费，并对生态环境产生负面影响。商品有机肥本身含有大量的碳素与氮、磷、钾等养分，施用商品有机肥可有效提高耕层土壤有机质、团聚体和有益微生物含量，改善土壤理化性质，培肥地力；但大量元素养分含量较低，不能完全满足小麦生长发育的养分需要。有机肥与无机肥配施能较好地全程满足小麦对养分的需求，且利于中后期干物质积累和养分吸收。

安徽省农业科学院濉溪杨柳农业科学实验站有研究显示，小麦在拔节期普追尿素10千克/亩基础上，小麦产量随有机肥施用量增加而提高，随复合肥施用量增加呈抛物线变化趋势；随着有机肥施用量的增加(图4–2)，施用复合肥的最高产量逐步提高，对应的施肥量逐渐减少；在基施无机复合肥40千克/亩、拔节期追施尿素10千克/亩的基础上，小麦产量随有机肥施用量增加呈先上升后下降的趋势。推荐增施商品有机肥300千克/亩，基施无机氮减量8%。

图4–2 小麦播种前土壤施用有机肥

四 增密减氮

为揭示减氮下利用多穗型品种增加密度实现绿色增产稳产的可行性，安徽省农业科学院濉溪杨柳农业科学实验站研究了4种氮水平与3种种植密度互作对小麦根系、光合、品质及产量的影响。结果表明，相同氮水平下根长、根表面积、平均根直径受密度影响不显著，根体积和根尖数受密度影响显著，相同密度下N1（传统施氮量）根长、根表面积、根体积、根尖数显著高于N3（70%N1）。相同密度减氮15%（N2，85%N1），小麦孕穗期旗叶面积不会显著降低，而减氮30%会显著降低。叶绿素含量受密度影响不显著，D1（12万株/亩）和D3（24万株/亩）密度下N1叶绿素含量显著高于N3。同一氮水平下，密度增加，光合速率、气孔导度、蒸腾速率降低，胞间二氧化碳浓度上升，D1、D2（18万株/亩）、D3下N1比N3光合速率和气孔导度显著增加20.03%、18.44%、17.36%和24.11%、20.40%、19.76%。籽粒蛋白质、淀粉、湿面筋含量及沉降值受密度影响不显著，N1与N3间蛋白质含量和沉降值差异显著，而淀粉、湿面筋含量差异不显著。相同氮水平下，增加12万株/亩基本苗显著提高小麦各生育期群体干物重，施氮量由N1降到N3群体干物重显著降低，N2D3和N3D3群体干物重高于或相当于N1D1和N1D2，N3D3群体干物重高于或相当于N2D1和N2D2。N1、N2、N3下，D3比D1产量在2016、2017年显著增加了11.83%、11.42%、14.03%和5.52%、10.31%、10.88%，N3D2和N3D3产量高于或相当于N1D1。因此，减氮15%~30%下，基本苗增加6~12万株/亩可获得高于或相当于其对应未减氮处理的生物和经济产量。

第五章 有害生物绿色防控技术

受气候变化、秸秆还田和农机跨区作业等的影响，赤霉病北移、西扩，越过长江、跨过淮河，成为黄淮麦区的主要病害；白粉病和叶枯病区域普发、常发，条锈病、赤霉病和纹枯病区域间、年际间发病差异较大，多种病虫害交替发生且逐年加重。

第一节 小麦主要病虫害全程防控技术

近年来，我国小麦病虫害呈重发、频发态势，年发生面积超过10亿亩/次，小麦条锈病、赤霉病等一类病虫害和新上升的茎基腐病，对小麦产量和质量的影响尤为严重。

一 防控目标

重点防控赤霉病、条锈病、蚜虫等重大病虫，兼顾纹枯病、白粉病、茎基腐病、根腐病、吸浆虫、麦蜘蛛等，防治处置率90%以上，专业化统防统治和绿色防控覆盖率40%以上，综合防治效果85%以上，病虫危害损失率控制在5%以内。

二 防控策略

坚持“预防为主，综合防治”的植保方针，树立“公共植保、绿色植保”理念，针对小麦全生育期主要病虫害发生种类及危害特点，按照“突出重点、分区治理、因地制宜、分类指导”的原则，采用农业防治、生物防治、物理防治和科学用药等绿色防控技术，突出种植抗病品种、推广药剂拌种、适期晚播、健康栽培等预防控制措施，强化穗期多种主要病虫害“一喷多防”科学用药，推进统防统治与绿色防控融合，有效控制小麦病虫害。

三 安徽小麦防控对象

1.淮北麦区

以防控条锈病、赤霉病、纹枯病、白粉病、茎基腐病、根腐病、麦蚜、吸浆虫、地下害虫为主，兼治苗期锈病、全蚀病、黑穗病、胞囊线虫病、黄花叶病、叶锈病和灰飞虱等病虫害。

2.长江中下游麦区

以防控赤霉病、纹枯病、麦蚜为主，兼治灰飞虱、白粉病、黑穗病、黄花叶病、叶锈病和地下害虫等其他病虫。

四 防控技术

1.黄淮麦区

(1)播种前

整地阶段，秸秆还田尽量增加粉碎细度并且深翻、耙匀，增加地下害虫的死亡率，降低镰孢菌等根茎病原菌的侵染概率，防止秸秆过大导致种苗根系悬空而加重根腐病、胞囊线虫的危害。做好播种田间规划，预留出大型植保机械的作业道，以便于后期实施防治。

(2)播种期

因地制宜推广抗(耐)病品种，压缩高感品种种植面积。对苗期不抗病的品种实施种子药剂处理，要根据当地主要防控对象，有针对性地选择相应的高效包衣剂或拌种药剂，防治胞囊线虫可采用阿维菌素处理种子；全蚀病发生区，采取硅噻菌胺或苯醚甲环唑进行种子包衣或拌种。

(3)出苗–越冬期

做好地下害虫、麦蚜、红蜘蛛、纹枯病、锈病、白粉病和胞囊线虫病等病虫的发生危害动态监测，在病虫害发生趋重时对早发病田进行药剂控制。胞囊线虫、根腐病发生严重的地块，在出苗后尽快采取镇压措施。

（4）返青–拔节期

重点开展流行性、暴发性病虫害的早期预防。黄淮麦区南部，春季注意防控条锈病早发，及早控制发病中心。当田间条锈病平均病叶率为0.5%~1%时，白粉病病叶率达到10%时，及时组织开展大面积应急防治，防止病害流行。小麦纹枯病病株率达10%时，选用井冈霉素、噻呋酰胺、三唑类等杀菌剂喷施麦苗茎基部，每7~10天喷药一次，根据病情连喷2~3次。红蜘蛛平均33厘米行长螨量200头或每株有螨6头时，可选用阿维菌素、联苯菊酯等药剂喷雾防治。对于未经种子处理的麦田，返青后地下害虫为害致死苗率达10%时，可结合锄地用辛硫磷加细土（1∶200）配成毒土撒施，先撒施后锄地防效更好。

（5）孕穗–扬花期

根据病虫害的发生种类、特点和防治指标，当多种病虫混合发生危害时，大力推行"一喷三防"技术。当田间发生单一病虫时，进行针对性防治。当田间百穗蚜量在800头以上，天敌与麦蚜比例小于1∶150时，可用选择性杀虫剂如抗蚜威、新烟碱类、菊酯类等药剂喷雾防治。小麦抽穗初期每10块黄板或白板（120毫米板）有1头以上吸浆虫成虫，或在小麦抽穗期，吸浆虫每10复网次有10头以上成虫，或者用两手扒开麦垄，一眼能看到2~3头成虫时，可用高效氯氰菊酯或毒死蜱进行喷雾防治，并可兼治麦蚜、黏虫等害虫。红蜘蛛平均33厘米行长有螨量200头或每株有红蜘蛛6头时，可选用阿维菌素、联苯菊酯等喷雾防治。

当白粉病病叶率达10%或条锈病病叶率为0.5%~1%时，可选用三唑类等杀菌剂及时喷药防治。若病情重，持续时间长，间隔15天后可再施用1次。小麦抽穗至扬花期，若遇阴雨、露水和大雾天气且持续3天以上或10天内有5天以上阴雨天气时，要全面开展赤霉病的预防工作，可选用氰烯菌酯、戊唑醇、咪鲜胺、多菌灵、甲基硫菌灵等杀菌剂。施药后6小时遇雨，应在雨后及时补喷。同时注意保护利用自然天敌，注意掌握化学防治指标和天敌利用指标，大力推广应用选择性农药和对天敌杀伤力较小的农药品种与剂型，如抗蚜威、菊酯类等；也可根据天敌发生消长规律，适当调整施药时期，尽量避免在天敌发生发展的关键时期用药。此外，要注意改进施药技术，采用低容量或超低容量喷雾以及局部和隐蔽性施药法，减轻对天敌的不利影响。

（6）灌浆期

当百穗蚜量超过800头，益害比（天敌：蚜虫）小于1：150时，白粉病、叶锈病和叶枯病病叶率超过10%，可采用杀虫剂和杀菌剂混合喷雾防治。推荐药剂：杀菌剂有三唑酮、烯唑醇、戊唑醇、己唑醇、丙环唑、咪鲜胺、丙唑·戊唑醇等，杀虫剂有吡虫啉、啶虫脒、吡蚜酮、噻虫嗪、抗蚜威等。植物生长调节剂可选用氨基寡糖素、芸苔素内酯、赤·吲乙·芸苔等。在收获前15天停止使用农药和生长调节剂。

2.长江中下游麦区

（1）播种期

因地制宜推广抗（耐）白粉病和赤霉病的小麦品种，大力推行种子处理。可分别选用苯醚甲环唑、咯菌腈、戊唑醇、硅噻菌胺等杀菌剂拌种或种子包衣，预防黑穗病、纹枯病、全蚀病等种传、土传病害；在地下害虫和苗期麦蚜发生比较严重的麦区，可选用噻虫嗪、吡虫啉、辛硫磷等杀虫剂进行拌种或种子包衣。药剂严格按照农药包装推荐浓度、剂量使用，避免药害发生。坚持适期适量播种，控制小麦田间群体密度。此外，基肥适当增施钾、磷肥，提高小麦抗性。

（2）出苗–越冬期

重点监控红蜘蛛和纹枯病，当平均33厘米单行长红蜘蛛达200头时，即可用阿维菌素、联苯菊酯等药剂进行防治。及时清沟理墒、田间杂草化除，以减轻纹枯病等发生。

(3)返青–拔节期

重点监测纹枯病、白粉病、条锈病和红蜘蛛的发生。在返青拔节期，当田间纹枯病病株率达10%时，应尽早使用井冈霉素、噻呋酰胺、丙环唑等药剂对准植株中下部均匀喷雾防治，重病田隔7~10天再用药防治1次。3月下旬至4月下旬，当田间白粉病病叶率达10%或条锈病平均病叶率在0.5%~1%时，组织开展大面积应急防治，防止病害流行，药剂品种可选用三唑类、甲氧丙烯酸酯类药剂。另外，当平均33厘米单行红蜘蛛200头以上时，可选用阿维菌素、联苯菊酯等药剂喷雾防治。

(4)孕穗–扬花期

长江中下游地区是赤霉病常发区，应加强栽培管理，主动用药预防，遏制病害流行。小麦生长中后期加强栽培管理，平衡施肥，增施磷、钾肥；控制中后期小麦群体数量，并做到田间沟渠通畅，创造不利于病害流行的环境。在小麦抽穗至扬花期遇有阴雨、露水和多雾天气且持续2天以上，应于小麦齐穗至扬花初期及时喷药预防，做到扬花一块、防治一块；对高感品种，首次施药时间可适当提前。药剂品种可选用氰烯菌酯、丙硫菌唑、氟唑菌酰羟胺、咪鲜胺、多菌灵或相应的混配药剂等，要用足药量，施药后6小时内遇雨，雨后应及时补治。对多菌灵产生高水平抗性的地区，应停止使用多菌灵等苯丙咪唑类药剂，改用氰烯菌酯、丙硫菌唑、戊唑醇等进行防治，以保证防治效果；如遇持续阴雨，第一次防治结束后，需隔5~7天进行第二次防治，确保控制流行危害。防治赤霉病时做好白粉病、锈病等病虫兼治。当百株麦蚜量在800头以上，益害比低于1：150时，可选用啶虫脒、吡虫啉、抗蚜威等药剂喷雾防治。吡虫啉和啶虫脒不宜单独使用，要与低毒有机磷农药合理混配喷施。小麦穗期病虫害混合发生时，选用相应的杀菌剂、杀虫剂混合施用。

五 主推绿色防控技术

1.选用抗(耐)性品种

种植抗(耐)性品种是防止或减轻病虫发生危害的根本措施。黄淮南部可选用周麦系、豫麦系、西农系等抗锈品种。长江中下游、江淮、黄淮南部等赤霉病常发区,应选择适宜当地种植的具有一定抗(耐)病性的高产优质品种,避免盲目跨区域引种,降低后期赤霉病流行风险。黄淮胞囊线虫病重发区,可选种太空系、中育系、新麦系等抗病品种;小麦黄花叶病发生区,可选种新麦系、豫麦系、郑麦系等抗病品种。

2.推行秋播拌种

秋播种子药剂处理是预防和控制土传、种传病虫和地下害虫以及苗期病虫害的关键措施。土传、种传病害重发区推行选用戊唑醇、苯醚甲环唑、咯菌腈、苯醚·咯菌腈、硅噻菌胺等包衣或拌种,防治黑穗病、茎基腐病、根腐病、纹枯病、全蚀病等,兼治苗期锈病、白粉病等。地下害虫重发区推行辛硫磷、吡虫啉等拌种,或选用吡虫啉等包衣,防治金针虫、蛴螬、蝼蛄等地下害虫,兼治胞囊线虫、苗期麦蚜、红蜘蛛等。条锈病越冬区重点推行戊唑醇、三唑酮等药剂包衣或拌种,预防苗期条锈病、白粉病,兼治后期黑穗病。多种病虫混合发生区,可根据当地病虫发生特点,选用相应的杀菌剂、杀虫剂复配进行包衣或拌种,也可选用戊唑·吡虫啉、苯醚·咯·噻虫、烯肟·苯·噻虫等包衣;选用复配剂时,有效成分应与单剂用量大致相同。有条件地区要大力推广以枯草芽孢杆菌为主的微生物菌剂,白僵菌、绿僵菌等微生物农药,以及免疫诱抗剂等防治土传、种传病害和地下害虫,提高作物抗病虫能力。

3.开展农业防控

农业防控是控制或延缓病虫发生危害的重要措施。推行精细整地、适墒适期适量播种,以及播后镇压和及时灌溉等农艺措施,保证小麦健康种植,力争一播全苗、匀苗、壮苗,提高植株抗病虫能力。长江中下游、江淮、黄淮南部等赤霉病常发区推行秸秆粉碎、深翻还田，尽量避免玉米、水稻等作物秸秆裸露于土壤表层，压低菌源基数，减轻抽穗扬花期防控压力；黄淮南部等条锈病越冬区推行适期晚播，尽可能缩短秋季病菌感染时间，减少初始侵染菌源；江淮、黄淮等纹枯病重发区应避免早播，适当推迟播种时间、减少播种量，及时清除田间杂草，雨后及时清沟理墒。此外，胞囊线虫重发区，应重点推广播种后和秋苗期两次镇压措施。

4.注重理化诱控

小麦生育期长，经历秋、冬、春、夏四季，生育期内害虫种类多，针对地下害虫发生严重区域，要注重理化诱控措施的应用。在地下害虫成虫期，在用好农业防治措施的基础上，通过选择合适的灯诱、性诱、食诱等产品，在成虫集中区域和成虫交配等关键期，根据害虫习性，开展理化诱杀。加强对诱杀设施设备的科学管理，合理确定诱虫灯开关时间，减少对非靶标昆虫的误伤，及时清理诱虫袋等，优化诱杀效果。小麦种植多在干旱地区或距离水源较远的区域，性诱产品宜采用干式诱捕器，在成虫交配前布设诱捕器，提高诱捕效果。食诱产品目前主要以诱捕器内食诱剂添加农药的方式诱杀害虫，在使用时注意农药安全使用，尽可能使用击倒快、残效期短的农药，或根据产品要求用药。

5.强化科学用药

小麦病虫种类多，用药品种多，用药次数多，农药安全科学使用十分重要。一是农药用量要准确。按具体农药品种使用说明操作，确保准确用药，各计各量，不得随意增加或减少用药量。二是混配农药要科学。做到二次稀释，配制可湿性粉剂农药时，先用少量水溶解后再倒入施药器械内搅拌均匀，以免药液不匀导致药害。三是施药时间要合理。严格按照农药安全间隔期，科学合理用药。施药前密切关注天气情况，避免高温暴晒或降水情况下喷施农药，喷洒类药剂施用后6小时内遇雨要补施。四是禁用高毒农药。严禁使用高毒、高残留农药及其复配制剂。要根据病虫害发生实际情况，优先选择环境友好型农药，科学配方进行防治。五是遵守操作规程。严格遵守农药安全使用操作规程，确保操作人员安全防护，防止中毒。六是使用合格农药。购买农药要选购三证（农药生产许可证、农药标准和农药登记证）齐全的产品，拒绝使用不合格产品，以免影响防治效果。

六 重大病虫防治技术

1.赤霉病

在调优种植结构、推广抗性品种的基础上，做好病害的适期预防工作。长江中下游、江淮等常年流行区和黄淮常年发生区，坚持“主动出击、见花打药”不动摇，抓住小麦抽穗扬花这一关键时期，及时喷施对路药剂，减轻病害发生程度，降低毒素污染风险；对高感品种，如果天气预报小麦扬花期有2天以上的连阴雨天气、结露或多雾天气，首次施药时间应适当提早到齐穗期，第一次防治后隔5~7天再喷药1~2次，确保控制效果。赤霉病特征如图5–1所示。华北、西北等常年偶发区，坚持“立足预防、适时用药”不放松，小麦抽穗扬花期一旦遇连阴雨或连续结露等适宜病害

图5–1　小麦赤霉病

流行天气，立即组织施药预防，降低病害流行风险。在病菌对多菌灵已产生抗药性的长江中下游、江淮等麦区，停止使用多菌灵，选用氰烯菌酯、戊唑醇、丙硫菌唑等单剂及其复配制剂，以及耐雨水冲刷剂型，并注重轮换用药和混合用药。提倡使用自走式宽幅喷杆喷雾机械、机动弥雾机以及自主飞行的植保无人机等高效植保机械，选用小孔径喷头喷雾，避免使用担架式喷雾机；同时，添加适宜的功能助剂、沉降剂等，提高施药质量，保证防治效果。

2.条锈病

小麦条锈病特征如图5–2所示。加强病情监测，实施分区防治。落实“发现一点，防治一片”的防治策略，及时控制发病中心；当田间平均病叶率在0.5%~1%时，组织开展大面积应急防控，并且做到同类区域防治全覆盖。防治药剂可选用三唑酮、烯唑醇、戊唑醇、氟环唑、己唑醇、丙环唑、醚菌酯、吡唑醚菌酯、烯肟·戊唑醇等。

图5–2 小麦条锈病

3.白粉病

小麦白粉病特征如图5-3所示。当病叶率达到10%时进行喷药防治,抽穗至扬花期可与赤霉病等病虫害防治相结合。防治病害常用药剂有三唑酮、烯唑醇、腈菌唑、丙环唑、氟环唑、戊唑醇、咪鲜胺、醚菌酯、烯肟菌胺等;病害严重发生田,应隔7~10天再喷1次。要用足药液量,均匀喷透,提高防治效果。

图5-3 小麦白粉病

4.纹枯病

小麦纹枯病特征如图5-4所示。小麦返青至拔节初期,当病株率在10%左右时,进行喷雾防治;药剂可选用噻呋酰胺、戊唑醇、丙环唑、井冈霉素、多抗霉素、木霉菌、井冈·蜡芽菌等。

图5-4 小麦纹枯病

5.根腐病、茎基腐病

小麦根腐病、茎基腐病特征如图5–5、图5–6所示。重发地区实行轮作换茬或改种非寄主作物；采用戊唑醇、咯菌腈、氰烯菌酯等药剂进行拌种或包衣；茎基腐病在返青拔节期，选用戊唑醇、丙硫菌唑对准茎基部喷施防治。扬花初期叶面喷施丙环唑、戊唑醇等防治根腐病。

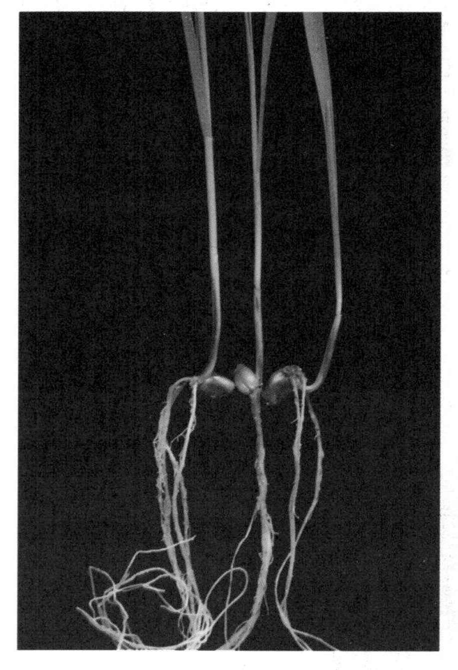

图5–5　小麦根腐病图

图5–6　小麦茎基腐病

6.蚜虫

小麦蚜虫如图5–7所示。当苗期蚜量达到百株500头时，应进行重点挑治。穗期田间百穗蚜量达800头，益害比低于1∶150时，可选用吡蚜酮、啶虫脒、吡虫啉、抗蚜威、苦参碱、耳霉菌等药剂喷雾防治。有条件的地区，提倡释放蚜茧蜂、瓢虫等进行生物控制。

7. 吸浆虫

小麦吸浆虫如图5–8所示。重点抓好小麦穗期成虫防治工作。一般发生区当每10复网次有成虫25头以上，或用两手扒开麦垄，一眼能看到2头以上成虫时，尽早选用辛硫磷、毒死蜱、高效氯氟氰菊酯、氯氟·吡虫啉等农药喷雾防治。重发区间隔3天再施1次药，以确保防治效果。

图5-7 蚜虫

图5-8 吸浆虫

8.麦蜘蛛

麦蜘蛛如图5-9所示。在返青拔节期，当平均33厘米行长螨量达200头时，可选用阿维菌素、联苯菊酯、马拉·辛硫磷、联苯·三唑磷等药剂喷雾

图5-9 麦蜘蛛

防治,同时可通过深耕、除草、增施肥料、灌水等农业措施进行控制。

七 专业化统防统治主推技术

1.条锈病防控

在春季条锈病流行区,根据监测预报,在病害发生初期,选用三唑酮、烯唑醇、戊唑醇、氟环唑、己唑醇、丙环唑、醚菌酯、吡唑醚菌酯、烯肟·戊唑醇等药剂,使用高效植保机械集中连片进行统防统治,确保有效控制危害。

2.赤霉病预防

密切关注抽穗扬花期天气预报,根据病害流行趋势及时开展药剂预防。在小麦扬花初期,选用氰烯菌酯、戊唑醇、丙硫菌唑、丙硫唑·戊唑醇等对路药剂,应用高效植保机械开展统防统治,做到见花打药,主动预防。一般发生区防治一次;严重发生区,坚持二次防治不动摇,控制病害大面积暴发流行。

3.穗期病虫一喷多防

小麦抽穗至灌浆期是赤霉病、条锈病、白粉病、叶锈病、麦蚜、吸浆虫等多种病虫同时发生危害的关键期,可选用合适的杀菌剂、杀虫剂、生长调节剂、叶面肥科学混用,综合施药,防病治虫,防早衰,防干热风,一喷多防。

一喷多防常用农药种类如下:

杀虫剂:吡虫啉、啶虫脒、吡蚜酮、噻虫嗪、辛硫磷、溴氰菊酯、高效氯氟氰菊酯、高效氯氰菊酯、氰戊菊酯、抗蚜威、阿维菌素、苦参碱等。其中,吡虫啉和啶虫脒不宜单独使用。

杀菌剂:三唑酮、烯唑醇、戊唑醇、己唑醇、丙环唑、苯醚甲环唑、咪鲜胺、氟环唑、噻呋酰胺、醚菌酯、吡唑醚菌酯、多菌灵、甲基硫菌灵、氰烯菌酯、丙硫唑·戊唑醇、丙硫菌唑、蜡质芽孢杆菌、井冈霉素等。

叶面肥及植物生长调节剂:磷酸二氢钾、腐殖酸型或氨基酸型叶面肥、芸苔素内酯、氨基寡糖素等。

第二节　小麦田杂草绿色防控技术

近年来，由于轻简化栽培技术推广、收割机械跨区远距离作业、除草剂不合理使用等原因，我国小麦田杂草种群结构日趋复杂，恶性杂草发生密度逐年增加，抗药性持续上升，严重威胁我国粮食生产安全。

一 防控目标

节节麦、雀麦、看麦娘、日本看麦娘、菵草、播娘蒿、猪殃殃和多花黑麦草如图5-10至图5-17所示。重点防控节节麦、看麦娘、日本看麦娘、雀麦、菵草、播娘蒿、猪殃殃等恶性杂草。小麦田杂草防治处置率应在90%以上，防治效果在90%以上，杂草危害损失率控制在5%以下。

图5-10　节节麦

图5-11　雀麦

图5-12 看麦娘

图5-13 日本看麦娘

图5-14 茵草

图5-15 播娘蒿

图5-16 猪殃殃

图5-17 多花黑麦草

二 防控策略

根据《生物安全法》《农作物病虫害防治条例》要求,认真执行“预防为主,综合防治”的植保方针,以小麦增产增收和除草剂减量控害为目标,按照“综合防控、治早治小、减量增效”的原则,在开展小麦田杂草发生危害监测、系统抗药性监测的基础上,防治时间、防治药剂、防治策略精准化,突出恶性杂草、重点区域,坚持分类指导、分区施策,重点抓住冬前杂草敏感期,采取以农业措施为基础,化学措施为重要手段,辅以物理、生态等防治措施的综合治理策略,构建适合不同地域的“一减两控”(减少除草剂使用量,控制草害和药害)综合防治技术模式,实现小麦田杂草绿色可持续防治的目标。

三 基本原则

坚持综合防控。充分发挥轮作休耕、深耕除草、覆盖除草等农业、物理及生态措施的作用,降低小麦田杂草发生基数,减轻化学除草压力。

坚持治早治小。冬前小麦田杂草出苗期和幼苗期是最为敏感脆弱的阶段,也是杂草与小麦竞争刚刚开始的阶段。根据小麦栽培模式、土壤墒情以及除草剂特性,在播后苗前因地制宜地进行土壤封闭处理,或在小麦出苗后、杂草三叶期前趁小实施茎叶喷雾处理,将施药窗口期提前,提高杂草防治效果。

坚持减量增效。大力推广除草剂减量使用技术,选用高效安全除草剂品种和增效助剂,轮换使用不同作用机制的除草剂产品,坚持对靶选药、适量施药,严防违规用药、乱用药。

四 技术措施

1.非化学控草技术

(1)精选种子

通过对麦种调入和调出检疫,检查其中是否夹带杂草种子,特别是毒麦、节节麦、野燕麦等。

(2)农业措施

通过清洁田园、合理密植、施用腐熟土杂粪肥，以及实行麦油、麦菜轮作倒茬等措施，有效减轻伴生杂草的危害。提高整地质量、合理运筹施肥、加强苗期病虫害防治等，促使小麦苗全、苗壮、苗匀，提高小麦对杂草的竞争力。

(3)物理措施

小麦播种前通过翻耕或旋耕整地灭除田间已经出苗的杂草，清洁和过滤灌溉水源，阻止田外杂草种子的输入。每三年深翻一次土壤，深度在30厘米左右，有效压低杂草基数。

(4)生态措施

通过玉米秸秆覆盖、稻草覆盖，有效降低杂草出苗数。

2.化学控草技术

(1)水旱轮作区麦田

水旱轮作区麦田杂草基数较大，杂草防控采用“一封一杀”策略。播后苗前，选用异丙隆、氟噻草胺等药剂及其复配制剂进行土壤封闭处理。小麦3~5叶期、杂草2~4叶期(冬前或早春)，选用唑啉草酯、炔草酯、氟唑磺隆、啶磺草胺、环吡氟草酮、精噁唑禾草灵等药剂及其复配制剂防治日本看麦娘、看麦娘，选用甲基二磺隆与异丙隆复配制剂防治茵草、硬草，选用氯氟吡氧乙酸、灭草松、氟氯吡啶酯、双氟磺草胺等药剂及其复配制剂防治猪殃殃、牛繁缕等阔叶杂草。

(2)旱旱轮作区麦田

在秋播时土壤墒情好的条件下，杂草防控采用“一封一补”策略。小麦播后苗前，选用砜吡草唑、吡氟酰草胺、氟噻草胺等药剂及其复配制剂进行土壤封闭处理。翌年春后根据杂草发生情况，在杂草发生较重的田块，局部喷施2,4-滴异辛酯、氯氟吡氧乙酸、双氟磺草胺、唑草酮等药剂及其复配制剂。

在秋播时土壤墒情差、土壤封闭处理除草效果不好的条件下，杂草防控采用“一次杀除”策略。根据当地除草方式，在小麦3~5叶期、杂草2~4叶期（冬前），或在小麦返青后、拔节前（春后），选用甲基二磺隆防治节节麦，选用啶磺草胺、氟唑磺隆及其复配制剂防治雀麦，选用唑啉草酯、炔草酯等药剂及其复配制剂防治野燕麦、多花黑麦草，选用双氟磺草胺、二甲四氯钠、氯氟吡氧乙酸、唑草酮、双唑草酮等药剂及其复配制剂防治播娘蒿、荠菜等阔叶杂草。

五 注意事项

1.适时用药

冬前茎叶处理施药，宜在小麦三叶一心后，杂草基本出齐时进行；春后杂草防治，严格掌握在小麦拔节前用药。施药时间选择在上午9点至下午4点间、晴天无风且最低气温不低于4℃时用药，阴雨天、大风天禁止用药，以防药效降低及雾滴飘移产生药害。

2.科学用药

在强筋麦、优质麦上严禁使用甲基二磺隆及其复配制剂，且不能与2,4–二氯苯氧乙酸混用，以免出现药害。避免炔草酯、唑啉草酯与激素类除草剂混用。

3.精准施药

选用性能良好的喷雾器械，使用扇形喷头，避免因喷雾器械“跑、冒、滴、漏”造成药液浪费和局部药害。根据所用喷雾器械类型合理设置兑水量，确保喷雾均匀、不重喷、不漏喷。常见化学除草机械如图5–18所示。

图5–18　机械化化学除草

第六章 防灾减灾技术

近百年来气候变化幅度已超出地球本身自然变动范围，对人类生存和社会经济构成严重威胁。农业是受全球气候变化影响最大、最直接的行业之一，作为农业主体的作物生产与粮食安全受气候变化影响尤为显著。气候变化通过影响作物生育进程，导致适宜种植区和灾害性因子等的变化，对作物产量、品质产生很大影响。气候变化背景下，小麦拔节、抽穗、扬花等关键生育期前移，灌浆期延长，极端天气事件发生频率不断上升，极端天气事件造成的气象灾害成为影响农作物产量年际波动的最主要因素。安徽省处于南北气候过渡带，气候条件复杂，干旱、冬季冻害、倒春寒、干热风等自然灾害频发，造成小麦产量不稳。

第一节 安徽小麦生长期气候变化特征

一 淮北平原冬小麦气候适宜度分析及作物年景评估

利用安徽省淮北平原37个气象站1960—2016年逐日气象资料，构建气温、降水、日照及气候适宜度模型，分析气候变暖背景下冬小麦气候适宜度时空演变特征，揭示冬小麦生育期气候风险，评判农业气候年景。结果表明，淮北平原冬小麦不同生育期对气候因子适宜程度不同，单要素各生育期适宜度均为灌浆–乳熟期较高，返青–拔节期较低，其中降水适宜度分蘖期最低；全生育期温度适宜度最高，日照适宜度次之，降水适宜度最低，水分是冬小麦生长的限制因子。气候综合适宜度灌浆–乳熟期最高，分蘖期降水适宜度最低，并且其序列变异系数大，常遭遇秋冬连旱，引起产量波动；全生育期气候适宜度呈东高西低分布，淮北中东部较高，而淮北西部及沿淮地区较低，冬小麦生产风险相对较高。1961—2016年全生育期温度适宜度线性增大趋势显著，降水适宜度线性趋势不明显，而日照适宜度呈显著的线性减小趋势；综合来看，全生育期气候适宜度无明显线性增减趋势，空间上淮北东部略有增大，而西部及沿淮地区略有减小，气候风险增加。淮北平原多数年份气候适宜度适中，适宜性偏差年发生概率高于偏好年。基于气候适宜度评判冬小麦气候年景等级，评估结果与实际产量增减情况基本相符，表明农业气候年景模型评估精度能满足业务服务需求，具有推广应用价值。

二 1961—2015年安徽濉溪气候变化分析

利用1961—2015年濉溪县日照、气温、降水等气象资料，采用统计分析方法对濉溪县气候变化进行分析。结果表明，近55年濉溪县全年和冬夏季日照时数明显减少，4月增加；全年和1—4月、10月平均气温显著升高，年均最高气温无明显变化，全年和1—6月、9—10月、12月最低气温显著上升，全年和1—3月、5—8月、12月温差显著减少；9月降水量趋于减少，全年和春季雨日显著减少；全年和冬季、春季、夏季蒸发量显著减少；相对湿度、湿润指数略有降低，9月湿润指数趋于减少。可见，近55年濉溪县气候呈现“暖干化”趋势。

三 安徽濉溪霜变化特征

1957—2018年，濉溪县初霜日介于10月10日至12月3日，终霜日介于2月22日至5月4日，霜日为33~97天，无霜期为179~267天；随着年份的延续，初霜日推后，终霜日提前，无霜期延长，霜日减少，气候倾向率分别为3.66天/10年、-2.96天/10年、6.62天/10年、-4.26天/10年。

第二节　降水方面的气象灾害

气象灾害是指大气对人类的生命财产和国民经济建设及国防建设等造成的直接或间接的损害。它是自然灾害中的原生灾害之一。农业气象灾害是指由于不利气象条件的出现而使农业生产遭受损失的自然灾害。气象灾害对农业生产构成巨大威胁。

一 干旱

干旱通常指淡水总量少，不足以满足人的生存和经济发展需要的气候现象，一般是长期的现象。干旱从古至今都是人类面临的主要自然灾害。

1.干旱的类型

(1)气象干旱

不正常的干燥天气时期，持续缺水足以影响区域引起严重水文不平衡。

(2)农业干旱

农业干旱是指由外界环境因素(长期无雨或降水显著偏少)造成作物体内水分失去平衡，引起生长滞缓、萎蔫、落花、落果、干枯死亡，进而导致减产或绝收的现象。

农业干旱可分为土壤干旱、大气干旱和生理干旱三种情况。土壤干旱是由于长时间不下雨又无灌溉条件，土壤中水分严重缺乏，作物吸水困难，造成萎蔫甚至死亡。大气干旱主要表现为大气高温低湿，作物蒸腾加剧，土壤水分入不敷出。长时间大气干旱抑制作物生长，造成减产。生理干旱是由于生理原因不能利用土壤水分而表现出来的一种干旱现象。

按干旱出现的季节，可分为春旱、夏旱、伏旱、秋旱等，春旱是指出现在3—5月的干旱，夏旱出现在6—8月，秋旱出现在9—11月。

(3)水文干旱

河流、水库径流低于其正常值或含水层水位降低的现象被称为水文

干旱，其主要特征是在特定面积的特定时段内可利用水的短缺。

2.干旱的等级

根据干旱持续的天数，可将干旱分为小旱、中旱、大旱、特大旱四个等级（见表6-1）。

表6-1 干旱等级

干旱等级	连续无降雨天数/天		
	春季	夏季	秋冬季
小旱	16～30	16～25	31～50
中旱	31～45	26～35	51～70
大旱	46～60	36～45	71～90
特大旱	≥61	≥46	≥91

3.干旱的危害

小麦干旱田块如图6-1所示。

图6-1 小麦干旱田块

（1）晚

多种作物不能及时播种，导致晚播晚发。

(2)弱

长期干旱造成了农作物植株小、根系弱、叶片面积小,生物产量大幅度减少,直接影响经济产量。

(3)乱

由于受害程度不同,农作物播种有早有晚,品种杂乱,长势不整齐,给管理造成困难。

(4)慢

受害的农作物脆弱,抗逆能力差,管理措施见效慢,养分吸收慢,光合积累慢。

二 涝渍

小麦渍害田块特征如图6-2所示。按水分过多的程度,涝渍灾害可分为洪水、涝害和渍害。因暴雨、大雨引起的山洪暴发、河水泛滥,对农业有毁灭性破坏;雨量过大或过于集中,造成农田积水,引起的涝害对旱地作物影响较大;连阴雨时间过长,雨水过多或洪水、涝害之后,因地势低洼,

图6-2　小麦渍害田块

排水不良，土壤水分长期处于饱和状态，土壤中空气和水分比例失调，形成渍害，会造成作物根系或土壤耕作层缺氧，烂根死苗，或使花果霉烂，籽粒发霉、发芽，导致减产。涝、渍灾害在多数地区是共存的，有时难以截然分开，故而统称为涝渍灾害。我国受渍较为严重的地区为长江中下游平原以及黄淮稻茬麦区。

麦田渍害发生原因：一是冬季阴雨连绵，日照时数不足，田间湿度大，地温低，土壤含水量长期处于饱和状态。雨水过多造成耕作层含水量过高，耕作层水分饱和，氧气缺乏，根系长期处于缺氧状态，呼吸受抑，活力衰退，吸收水、肥能力下降，且土壤中有机物质在厌氧条件下产生还原性有毒物质毒害根系，根系生长不良，根量减少。这时植株体内的氮素代谢下降，功能叶叶片内氮素含量明显减少，造成植株苗小、叶黄或僵苗。二是地下水位高，特别是距河流湖泊较近的麦田或低洼水浇麦，地下水位都高，对麦苗的根系下扎造成危害。三是“三沟”不配套，排灌设施差，明水排不出去，暗水不能滤，沟厢不畅通，造成湿害发生。四是布局不合理，尤其是水浇麦或称水田麦，没能实行连片种植，有的在冬灌田中插花种植，造成麦田明水排不出去，积水久之成灾，出现严重青枯死苗。

三 冬小麦需水规律

1.需水量

中国科学院栾城试验站1995—2000年测定结果显示，在没有水分亏缺条件下，冬小麦5个生长季节平均蒸散量为450毫米，夏玉米为420毫米，两季作物年需水量为870毫米。冬小麦在越冬前平均日蒸散量为1.07毫米/天，越冬期间降低到0.47毫米/天，返青–拔节期平均蒸散量为1.2毫米/天；进入拔节期，冬小麦进入旺盛生长时期，蒸散量随着作物叶面积指数快速增大和大气蒸散力的增强而明显升高，为4~6毫米/天；在5月份抽穗–开花期最高为6~9毫米/天，到灌浆后期蒸散速率降低为3~5毫米/天。在蒸散速率最高的4月和5月，蒸散量占整个生育期的57%，越冬前苗期蒸散量占整个生育期的21%，越冬期间为8%，返青–拔节期为6%，成熟期为8%。越冬前冬小麦蒸发和蒸腾比例相似，越冬期间农田以蒸发为主；从返青期开始，蒸腾所占比例超过蒸发。夏玉米苗期平均蒸散量在2~4毫米/天，7—8月份旺盛生长期间为3~5毫米/天，灌浆期降低为3~4毫米/天。夏玉米整个生长期间蒸发占总蒸散的比例大约为30%，而蒸腾占蒸散比例，苗期为50%、夏玉米生长旺盛期大约为80%、灌浆后期约为74%。测定结果显示，冬小麦和夏玉米大约有30%的农田耗水是无效土壤棵间蒸发失水，减少这部分水分消耗对提高农田水分利用率会有明显作用。

河南省灌溉试验中心站（毛庄）小麦不同生育阶段水分亏缺的测坑试验表明：播种–拔节期的阶段耗水量最大，占全生育期总耗水量的30%~40%；其次是灌浆–成熟期，占全生育期总耗水量的20%~30%；拔节–抽穗期和抽穗–灌浆期的阶段耗水量相近，占全生育期总耗水量的10%~20%。冬小麦的日耗水量变化呈抛物线趋势，初期较小，中后期较大，后期又慢慢减小。各处理的日耗水量均在抽穗–灌浆期最大，拔节–抽穗期次之，灌浆–成熟期和播种–拔节期较小。冬小麦在返青期前，植株较小，耗水量主要来自地表蒸发，由于气温较低，地面蒸发也较小，返青后，气温慢慢回升，麦苗开始起身拔节，蒸发蒸腾量有所增加。虽然播种–拔节期内总的耗水量较大，但因为历时较长，日耗水量并不大。拔节–抽穗期是冬小麦从营养生长到生殖生长过渡期，日耗水量也随之逐渐增大，到抽穗–灌浆期增大到最大。抽穗–灌浆期是冬小麦生殖生长最旺盛的阶段，该阶段冬小麦的叶面积指数达到最大值，叶面蒸腾加强，耗水强度增大，并且生育阶段较短，因此，日耗水量较大。灌浆–成熟期是冬小麦生育后期，植株叶片逐渐枯萎凋落，绿叶叶面积减小，作物蒸腾减小，但气温较高，棵间蒸发增大，阶段耗水量和日耗水量都较大。

2.不同生育期根系分布

作物对水分的利用是通过根系吸收土壤水分来实现的，根系生长分布状况与土壤水分之间有着密切关系。河北省栾城试验站多年的试验结果表明:冬小麦根系主要分布在80厘米以上土层,随土层深度增加,根长密度呈指数级下降(见表6-2);作物前期的根冠比受土壤水分影响大,后期小;根系对土壤水分的吸收利用与根系分布有着密切关系,当根长密度小于0.8厘米/厘米^{3}时,根系是限制作物充分利用土壤水分的因素。免耕处理的根系主要分布在浅层土壤,而深耕和旋耕处理的根系在深层土壤分布比例明显增大,表明土壤疏松利于根系生长和深扎。

表 6-2　冬小麦不同生育期根系分布比例

土层深度/厘米	越冬期	返青-拔节期	拔节-抽穗期	灌浆期	成熟期
0～40	96.3	72.5	62.0	66.0	42.3
40～80	3.7	21.1	18.6	17.4	27.6
80～120	0	6.4	15.9	11.4	18.8
>120	0	0	3.4	5.3	11.3

3.冬小麦对水分亏缺的敏感性

栾城试验站研究表明,冬小麦拔节-抽穗期对缺水最敏感,其次是抽穗-灌浆期,再次是播种-越冬期;这些生育期缺水对小麦产量带来不利影响。而灌浆-成熟期、越冬-返青期和返青-拔节期的敏感指数为负或者很小,表明这些生育期水分亏缺对产量影响较小或者对产量有正作用。河南省灌溉试验中心站试验表明,冬小麦抽穗-灌浆期水分敏感指数最大,其次是播种-拔节期和拔节-抽穗期,灌浆-成熟期最小,表明抽穗-灌浆期水分亏缺对冬小麦产量影响最大,应避免在此阶段出现水分亏缺现象。拔节-抽穗期和播种-拔节期的水分亏缺对产量有一定影响,可以允许出现轻微的水分亏缺现象。灌浆-成熟期的水分亏缺对冬小麦的产量影响的敏感程度较小,可以适当地进行水分亏缺控制,来降低冬小麦的无效耗水。丰乐-新世纪联合体2017—2020年黄淮南片小麦区域试验试点,试验程序参试种相对气象产量与10月、3月、5月降水量呈极显著负相关，与11月、12月降水量呈极显著正相关。冬小麦不同生育期水分亏缺敏感指数如表6–3所示。

表 6 - 3　冬小麦不同生育期水分亏缺敏感指数

试验站所在地	冬前	越冬期	返青-拔节期	拔节-抽穗期	抽穗-灌浆期	灌浆-成熟期
河北栾城	0.078 1	0.041 4	0.098 3	0.283 2	0.118 8	−0.021 1
河南毛庄	0.113 1		0.111 3		0.150 7	0.051 4

四 冬小麦灌水效应

1.灌水方式对小麦根系及光合的影响

小麦生育前期适当推迟灌水日期进行适度干旱胁迫可使小麦中后期在无外来降水干旱胁迫的环境下根系的总根长、总表面积、总体积、平均直径、总根尖数和总分叉数显著增加，冠层光合生理明显改善，产量和收获指数得以提高；小麦生育前期若干旱胁迫过度，后虽复水补偿，但其效果有限，仍不利于今后的生长发育和抗干旱能力的增强；在小麦生育前期灌水总量相同的条件下，小麦根部性状、冠层光合和产量受灌水次数的影响不显著，但受灌水时期的影响显著。

2.灌水时期和次数对小麦根系及光合和品质的影响

小麦根系性状和产量皆以全生育期水分充足处理最高，拔节期灌水次之。灌水总量相同的情况下，灌一水以拔节期灌水光合特性和产量表现最优，灌二水以拔节期和孕穗期灌水组合表现最优；灌水量一致的情况下，若灌水时期合理，灌一水的产量效果可优于或相当于灌二水或三水的效果；全生育期水分充足处理并不利于籽粒蛋白质含量的提高，而全生育期水分充足处理和拔节期灌水可显著提高籽粒淀粉含量、湿面筋含量和沉降值。

3.土壤含水量对小麦生长发育及光合和产量的影响

在一定范围内增加土壤水分含量可显著增加小麦的株高、单茎绿叶面积、叶绿素含量及改善叶片的光合特性、叶绿素荧光参数和产量，而当土壤水分增加到一定程度，水分的效果不再明显。土壤水分含量偏高时，小麦的株高、单茎绿叶面积、生物产量高于土壤适宜水分含量处理，而生育中后期的叶绿素含量、光合速率、各叶绿素荧光参数及经济产量却低于土壤水分适宜处理。

4.灌水和化控对小麦生长发育的影响

在无外来降水下适当增加灌水量和喷洒抗旱剂，可显著增加小麦根长、根体积、根表面积和总根尖数，而对平均根直径的影响不明显；喷洒抗旱剂可明显提高小麦群体叶面积指数、群体干物重、光合速率及叶片水分瞬时利用率和群体水分利用率；增加灌水量有利于提高小麦产量，但当灌水量增加到一定程度时，增加灌水的效果不再明显；干旱时喷洒抗旱剂增加小麦产量的效果为1.9%~2.3%。

五 麦田水分管理

1.冬小麦和夏玉米水分优化管理指标

中国科学院石家庄农业现代化研究所根据1998—2001年的田间试验，研究了太行山山前平原高产农区主要作物冬小麦和夏玉米耗水量与产量和水分利用效率的关系，确定了这两种作物不同生育期水分敏感指数和允许的土壤水分下限指标和有限供水条件下的优化供水制度。并通过对叶片水势和冠层温差的测定，建立了这两种指标与作物水分亏缺程度的关系，形成指导农田灌溉的土壤指标、冠层温差指标和叶片水势指标体系（见表6-4）。

2.沿淮淮北麦区亏缺灌溉

沿淮淮北地区常年降水量770~1 000毫米，其中，小麦生长期（10月至翌年5月），北部地区略感不足，宜视苗情、墒情进行补充灌溉。湿润年型不浇水；一般年型浇一次水，视天气和土壤水分状况浇好底墒水，或分蘖越冬水，或起身拔节水；枯水年型浇两次水，第一水在冬前浇，第二水在拔节期前后结合追肥浇，每次浇水量为45毫米。小麦带蘖后至返青前限

表6-4　冬小麦-夏玉米水分优化管理指标

指标	冬小麦						夏玉米				
	冬前	返青期	拔节期	孕穗开花期	灌浆前期	成熟期	苗期	拔节期	抽雄吐丝期	灌浆前期	成熟期
敏感指数	0.071 2	−0.121 3	0.314 5	0.272 1	0.101 6	−0.087 0	0.149 6	0.206 1	0.364 5	0.111 6	
土壤含水量/%	60	55	65	60	60	50	55	65	70	65	60
午时冠层温差/℃	0	0.1～0.2	−0.2～−0.1	0.0	0.0	0.2～0.3	1.0	0.5	0.0	0.5	1.5
晨叶片水势差/兆帕	0.3～0.5	0.5～0.6	0.2～0.3	0.3～0.4	0.3～0.5	0.5～0.7	0.4～0.5	0.2～0.3	0.1～0.2	0.2～0.3	0.4～0.5

制灌溉，创造上层土壤水分亏缺环境，促根下扎，并塑造地上部大群体、小株型结构，提高资源利用效率；挑旗后上层土壤水分呈干旱状态，抑制病害发生和蔓延，促进籽粒灌浆。在地下水严重超采区，对抗旱性强的品种，可应用“播前贮足底墒，生育期不再灌溉”的贮墒旱作模式，进一步减少灌溉用水量。小麦播种后人工喷灌如图6-3所示。

图6-3　小麦播种后人工喷灌

3.淮南麦区开沟防渍

淮南麦区常年降水量超过1 000毫米，小麦生长期历年平均400毫米左右，正常年份天然降水可满足小麦生长需求。渍害是安徽省稻茬小麦的重大灾害，是导致小麦产量不高不稳的主要因素。一要因地制宜搞好农田排灌设施，做到明沟暗沟结合，田内沟与田外沟配套，加速排除地面水，降低地下水位，控制耕层滞水，保证土壤水气协调。稻茬麦播后及时用IKSQ–35型圆盘开沟机开沟，以利迅速排除地表水和降低土体含水量；同时将切碎的沟土抛撒到两侧，均匀地覆盖到已播的地表，起到覆土作用。开沟机开沟深度25~30厘米，沟距3米，左右两侧抛土幅度各为1.5米左右。二要经常注意清理田间排水沟，疏通排水渠道，降低麦田地下水位，改善土壤通气条件。结合冬春农田水利建设，对秋种时未开“三沟”或“三沟”不通、排水沟系不配套的麦田进一步完善，确保排水通畅。早春结合田间管理清理“三沟”，尤其要加深地头沟，开通田外沟渠（见图6–4）。

图6–4　开沟防渍

第三节　低温灾害

气候变暖改变了热量资源的时空分布格局，导致小麦越冬期缩短，关键生育期(拔节–扬花期)提前。温度是影响小麦生长发育和产量品质形成的重要生态因子之一。全球气候变暖导致极端低温灾害事件频发，给小麦生产造成了极大的损失，已成为威胁全球粮食安全的重要限制因素。小麦是大面积的室外种植作物，对气温灾害只能趋利避害，通过选用抗(耐)性品种、适期播种、健康栽培和灾后补救等措施，减少灾害损失。

一 冷害和冻害

低温灾害分为冷害和冻害。冷害是指在作物生产期内，0~20 ℃的低温对作物产生的危害，一般发生在春、夏、秋季。冻害是在植物越冬期间，在低于0 ℃严寒条件下，作物体原生质受到破坏，导致植株受害或死亡的现象；包括霜冻害和寒潮冻害，一般发生在秋、冬、春季。

二 霜冻

霜冻是指空气温度突然下降，地表温度骤降到0 ℃以下，使农作物受到损害，甚至死亡。它与霜不同，霜是近地面空气中的水汽达到饱和，并且地面温度低于0 ℃，在物体上直接凝华而成的白色冰晶，出现霜冻时并不一定有霜。霜冻在秋、冬、春三季都会出现。每年秋季第一次出现的霜冻叫初霜冻，翌年春季最后一次出现的霜冻叫终霜冻，初、终霜冻对农作物的影响都较大。

三 小麦低温灾害

1.冬前冻害

冬前冻害是指小麦出苗后到进入越冬期之前发生的冻害，这段时间是麦苗的冬前生长阶段，随着时间的推移，气温逐渐降低，麦苗也逐渐适应低温，为安全越冬做准备。在这期间如遇到突然大幅度的降温，就会对麦苗造成不同程度的冻害。

2.越冬期冻害

越冬期麦苗受到冻害，是由于冬季温度偏高，地上部分继续生长，生育进程提前，遇到较低温度即发生冻害。正常情况下，麦苗在进入越冬期前，随着温度逐渐下降，受到抗寒锻炼，即使越冬期遇到-10 ℃以下的低温也不会受到冻害。

3.早春冻害

早春冻害是指小麦返青-拔节期间，因寒潮到来而降温，地表温度降到0 ℃以下发生的霜冻危害。

4.倒春寒

小麦倒春寒主要指拔节至孕穗期间遭遇突然降温天气，造成幼穗受伤或死亡，部分小穗不结实甚至全穗不结实，从而导致小麦减产的一种农业气象灾害。

小麦遭遇倒春寒后叶片表面结冰，叶片、叶鞘呈水渍状，气温回升，结冰融化，水渍状消失，叶片不显出冻害症状，几天后叶片颜色加深呈浓绿色，有的品种形成条纹状花叶。冻害越重叶色越深，若叶色呈蓝绿色或黑绿色，一般是幼穗死亡或受到了严重的伤害。抽穗后冻害症状才能表现出来，形成不孕麦穗或小穗。

四 低温对小麦的危害

小麦遭遇冬前、越冬期和早春冻害后，轻者叶尖乃至整叶干枯，重者冻伤生长锥。安徽省农业科学院栽培与耕作团队的研究表明，越冬期、返青期、拔节期和孕穗期小麦叶片电解质渗出率品种间差异显著。安徽省农业科学院杨柳实验站5块试验田越冬期主茎叶片受冻情况调查表明：心叶至倒五叶冻伤率、倒二叶至倒五叶冻伤度随叶位降低而升高，冻伤率、冻伤度品种间差异显著。冻伤率随播期推迟、密度减小直线降低，冻伤度随播期推迟、施氮量增加先降低后上升。

小麦遭遇倒春寒后，轻者部分小穗畸形、残缺，重者部分茎蘖光秆、不抽穗。拔节后孕穗前发生的倒春寒，主要是主茎和大分蘖幼穗受冻。小麦幼穗分化进入小花的分化药隔期，遇到较长时间低温，穗分化和小花发育停留在某阶段，当温度回升时(尤其是回升较快时)不能恢复生命力，形成不孕麦穗或小穗、小花，造成穗粒数减少，甚至造成有效穗减少。

五 小麦植株抗(耐)寒性动态变化

安徽省农业科学院栽培与耕作团队对叶片电解质渗出率动态变化及其与叶龄的相关性进行分析，结果表明：小麦出苗–越冬期，随着气温逐渐降低，麦苗生长速度放缓，经历抗寒锻炼，耐低温能力逐步增强。开春后随着气温的逐步回升，小麦生育进程加快，相应的抗寒能力也逐渐减弱。小麦孕穗后，幼穗分化进入小花分化期，抗寒能力逐渐消失。分析表明，越冬–孕穗期叶片电解质渗出率(Y)与取样时叶龄(A)呈抛物线变化趋势，Y=51.28–8.084A+0.743A^2，F=103.00*；与取样日平均气温(T)呈直线相关，Y=2.572+20.56T，R=0.967*。这印证了小麦植株抗冻性随叶龄的变化而变化，随气温的降低(升高)而增强(减弱)。各测定时期，电解质渗出率与处理温度均呈直线，Logistic曲线和指数曲线相关关系达显著或极显著水平。其中，指数曲线和直线相关能更好地反映越冬期、返青期和拔节期、孕穗期电解质渗出率与处理温度的相关性。取渗出率35%为临界点，则小麦植株遭受严重冻害损伤的临界温度为：越冬期–13.4℃，返青期–13.6℃，拔节期–8.1℃，孕穗期2.7℃。

丰乐–新世纪联合体2017—2020年黄淮南片小麦区域试验试点，试验程序参试种相对气象产量与11月至翌年4月最低气温呈极显著正相关，相对气象产量为0的临界温度呈抛物线变化趋势，由–1.5℃降至–7.5℃，又升至3.2℃(见表6–5)。

表 6-5 冬小麦可耐低温变化

月份	10月	11月	12月	1月	2月	3月	4月	5月
相关系数	0.190	0.273	−0.501**	0.372**	0.572**	0.296*	0.509**	−0.128
回归系数	—	1.51	−2.92	1.47	2.85	1.95	2.93	—
临界温度/℃	—	−1.5	−7.5	−7.5	−6.2	−0.5	3.2	—

六 小麦低温灾害的防御

小麦受冻害后生长情况如图6-5所示。

图6-5 受冻害小麦田块(左)

防御冻害措施主要有:

1.选用抗(耐)寒品种

选用抗寒耐寒品种是防御小麦冻害的根本保证。淮北中北部应选用弱冬性或半冬性品种,南部可选用半冬性品种和半冬偏春性品种。

2.适期播种

必须把播期控制在适宜范围内,不得强行或随意提前。先播弱冬性品种，后播半冬性品种，最后播春性品种，春性品种不可早播。

3.适量播种

适当降低播量，采取综合措施培育壮苗越冬，是减轻冻害的根本措施。

4.灌水防冻

适时灌水是防御低温灾害并做出补救的重要措施，对冬前、越冬期和早春冻害都有直接而明显的效果。

七 小麦低温灾害的补救

1.灾后灌水

冻后立即灌足灌透水。

2.灾后追肥

在灌透水的情况下，补施氮肥，能够增加新生分蘖成穗，增加每亩成穗数。

3.叶面喷肥

冻害发生后，喷洒适量的肥料或激素，有一定的补救效果，此宜作为辅助措施选择应用。可与防治病虫害结合进行。

第四节 其他灾害

一 倒伏

小麦倒伏见图6-6。倒伏是小麦超高产的主要障碍因素之一。小麦倒伏后，茎秆的输导组织受到创伤或曲折，养分、水分运输不畅，同时，茎叶重叠，通风透光不良，光合作用削弱，物质积累与分配受到障碍，穗粒数减少，粒重减轻，产量降低，品质变劣。倒伏愈早，影响愈大。

图6-6　倒伏

1.小麦倒伏的发生原因

倒伏除大风雨和品种特性（茎秆过高缺乏弹性，抗倒伏能力差）等原因外，与栽培措施不当亦有很大关系。倒伏又分为茎倒伏和根倒伏两种情况，相对而言，茎倒伏发生时间较根倒伏要早，对产量的影响更大。根倒伏主要是由土壤耕作层浅、土壤结构不良、播种太浅或土壤水分过多、根系发育不良所致。茎倒伏是由氮肥用量过多，追肥、灌水时间不当，或密度过大，通风透光不良，基部节间柔弱所致。此外，还有病虫严重危害造成的倒伏。

2.防止倒伏的措施

一是选用抗倒伏品种。合理安排基本苗，提高整地和播种质量，并在此基础上，促控结合，合理运用肥水，创造合理的群体结构。

二是中耕和镇压。麦苗有徒长趋势时，可用深中耕和镇压来控制分蘖和中部叶片生长，促使基部茎节间粗短，以达到防倒伏的目的。

三是化学控制。对群体大、长势旺的麦田或植株较高的品种，在小麦起身期每亩用浓度15%的多效唑30~50克或浓度20%的壮丰安乳油30~40毫升，加水30千克喷洒，以控制植株旺长，缩短基部节间长度，降低植株高度，提高根系活力，增强抗倒伏能力。

二 干热风

干热风，又称“火风”“热风”“干风”，是一种高温、低湿并伴有一定风力的农业灾害性天气。其风速在2米/秒以上，气温在30℃以上，相对湿度在30%以下。干热风是我国北方麦区小麦生产中主要的气象灾害之一。一般干热风可导致小麦年减产一至二成，情况严重时年减产三成以上。

1.分级

（1）轻型干热风

14时气温高于30℃，田间相对湿度低于30%，风速≥3米/秒。

（2）重型干热风

14时气温高于35℃，田间相对湿度低于25%，风速≥3米/秒。

2.危害表现

干热风发生时麦株蒸腾加大，根系吸收的水分不够蒸发，造成麦株青枯，高温逼熟，产量降低。雨后骤晴，再遇干热风危害更大。小麦受干热风危害后，在外部形态上表现为颖壳灰白无光，芒尖干枯变白，麦芒张开的角度由小到大，旗叶退绿，凋萎，茎秆青枯，重者焦头炸芒，茎叶灰暗无光。

小麦在干热风过程中，植株内部生理变化主要表现在蒸腾强度增大，植株体含水量降低，水分代谢失去平衡，光合速率下降。

3.防御措施

（1）改善农田小气候

加强农业基础设施建设，植树造林，建造防护林带，改善农田小气候。把路、田、林、河、渠、井等综合治理，通过涵养水源、缓和旱情、减小风速，

增强农田抗灾保障能力。

(2)健康栽培

选用抗(耐)干热风的小麦品种(一般落黄好的品种都比较抗旱、抗干热风),适期播种,培育壮苗,合理施肥,增强小麦抗御干热风的能力。

(3)适时合理灌溉

浇好小麦灌浆水和麦黄水,可降低麦田近地表气温,提高田间湿度,确保小麦生育后期对水分的需要,是控制干热风危害最有效的措施。注意有风停浇,无风抢浇。

(4)叶面喷肥

在小麦生育后期,在干热风来临之前,用石油助长剂、磷酸二氢钾、草木灰水、过磷酸钙、矮壮素等化学药剂喷洒叶面,通过增加钙、磷、钾、氮、硼、有机酸等的含量和生长刺激素的作用,改善小麦的生理机能,提高小麦对干热风的抗性。推行“一喷三防”,叶面喷施烯唑或三唑酮醇+氟氯氰菊酯+多效唑或芸苔素+优质多元素叶面肥。

三 穗发芽

小麦收获期,若遇有阴雨或潮湿的环境,经常出现穗发芽,不仅影响籽粒品质,还影响小麦贮存及下季或翌年播种质量,对小麦生产造成较大经济损失。

1.发生原因

小麦成熟期与雨季吻合,经常遇有连阴雨或潮湿天气,造成穗发芽。究其原因,一是小麦成熟时的环境条件影响;二是受穗部形态,如颖壳形态、穗的大小、疏密程度、芒的长短等遗传因素影响;三是受种子休眠性影响。

2.防御方法

(1)品种选择

选用培育抗穗发芽或早熟、适应当地环境的小麦品种。红皮小麦的抗穗发芽能力一般要强于白皮小麦。

(2)适期播种

适期播种,可使小麦成熟期尽量躲过当地的雨季。

(3)肥料运筹

合理运筹肥料,防止茎秆倒伏。小麦倒伏后,麦穗处于高温高湿的环境下,极易发生穗发芽。要防止穗发芽,可以调整种植密度,增大通风透光,在拔节后可以喷施矮壮素等降低植株的株高,防止倒伏。

(4)化学防控

在小麦临近成熟期或在雨季到来之前喷洒,喷施多效唑、穗萌抑制剂和“穗得安”等,可有效抑制穗发芽。

(5)适时收获

小麦成熟后马上组织收割机抢收、抢打,尽快晾干入库。

四 早衰

小麦早衰是指植株不能正常成熟,提早衰亡的现象。早衰会使小麦的灌浆期缩短,粒重下降,从而造成产量大大降低。

1.发生原因

(1)干旱胁迫

土壤干旱或大气干旱易造成植株根系吸水困难或体内失水过多,使水分平衡遭到破坏,正常的生理代谢受抑制,尤其是小麦生育后期,气温高,土壤蒸发及植株蒸腾量很大,籽粒灌浆不能正常进行,千粒重降低,严重时小麦死亡。

(2)营养缺乏

在旱薄地,因土壤营养缺乏,小麦光合等生理过程受到影响,尤其是小麦生育后期,营养更加匮乏,造成植株因供应养分不足早衰,灌浆期缩短,粒重下降。

(3)盐碱为害

其特点就是旱、碱、薄、板,使小麦发育晚,长势弱。到小麦生育后期,盐碱地小麦往往受旱、碱胁迫,绿叶面积急剧下降,一般花后25天,茎生叶片大部分枯黄,导致不正常成熟,灌浆骤然停止。籽粒灌浆期比一般麦田缩短5~7天。

(4)土壤渍水

渍水导致土壤缺氧,根系呼吸、吸收功能衰退,地上部叶绿素降解,光合能力下降,物质合成与积累减少。随生育进程的推进,小麦耐渍能力逐渐下降,故农谚有"寸麦不怕尺水,尺麦怕寸水"之说。后期渍水极易造成根系早衰,叶片失绿早死。这就是百姓说的"撑死了"。

(5)管理不当

如肥水运筹不当,造成前期群体过大,个体发育不良,后期土壤养分耗竭,上部叶片功能期缩短,植株早衰。

(6)病虫为害

当麦田发生病虫害时,如果不能及时进行防治或防治不力,就会造成小麦病、虫大发生,大流行,也往往导致小麦早衰,使粒重下降。

2.预防措施

(1)加强农田基本建设

搞好田间水利工程,降低地下水位,做到旱能浇、涝能排,是预防干旱、雨涝、盐碱等导致小麦早衰的根本途径。

(2)增施有机肥

实行秸秆还田,不断培肥地力,同时结合深耕细作,改善土壤理化性状,并做到氮、磷、钾合理配比,是保证小麦稳健生长、防止早衰的物质基础。

(3)合理运筹肥水

促苗早发,培育小麦冬前壮苗,同时控制春季无效分蘖,建立合理群体结构,使小麦生长壮而不旺,也是预防后期脱肥、早衰的重要措施。

(4)建立防御体系

建立健全麦田病虫害防御体系,搞好病虫害预测预报及综合防治工作。

第七章 优质小麦生产基地建设及栽培技术

按照“品种培优、品质提升、品牌打造和标准化生产”的要求，以专用生产基地建设为重点，推进规模化经营，高起点、高标准建设质量安全的强筋、中强筋和弱筋小麦生产基地，实现种植规模化、生产标准化、耕种收机械化、水肥一体化、农情监测信息化、病虫草防控绿色化、资源利用综合化、产业管理智慧化。聚焦重点区域，紧盯主要品种，兼顾特色品种，以优化供给、提质增效、农民增收为目标，以优质小麦为重点，以镇、村为基本单元，开展规模化连片种植。示范推广绿色高产高效栽培技术模式，着力提升我省小麦供给质量，为小麦种植业转型升级提供样板和支撑，打造优质小麦生产大区。

第一节 优质专用小麦粉生产

小麦的主要消费途径是先生产小麦面粉，然后再加工成各种面制食品。随着食品工业的快速发展，人们对小麦专用粉、等级粉、营养强化面粉的要求越来越高，也要求运用计算机辅助设计逐步完善配粉工艺、在线面粉生产监控，采用新技术、新设备以促进小麦制粉工艺不断发展。

一 小麦制粉工艺

1.传统制粉工艺

小麦籽粒分为皮层（麦皮）、胚乳和胚等三部分，其中皮层共分成六层，从外往里依次为表皮、外果皮、内果皮、种皮、珠心层、糊粉层。皮层外面的五层主要含纤维素、半纤维素和少量植酸盐，人体难消化，且对面制品的品质有不良影响，在制粉过程中应去除。糊粉层含有蛋白质、B族维生素、矿物质和少量纤维，营养丰富。但是糊粉层蛋白质不参与面筋的形成，且糊粉层对面包、面条等面制食品的口感和外观产生不良影响，原则上在制粉过程中也应除去。小麦胚的营养极为丰富，但其中脂肪酶和蛋白酶含量高，活性强，会影响面粉储藏期，所以应单独提出。胚乳主要含有淀粉和面筋蛋白，面筋蛋白是组成具有特殊面筋网络结构面团的关键物质，从而可制出品种繁多的面制食品。因此，胚乳是制粉所要提取的部分。小麦制粉的任务是将清理过的小麦破碎，刮尽麸皮上的胚乳，并将胚乳研磨成面粉，分离出混在面粉中的麸屑。

自从18世纪辊式磨粉机发明以来，制粉工业一直沿用的小麦制粉方法是将小麦先研碎，逐步从麸皮上剥刮胚乳，并保持麸片完整。

国内外传统的小麦制粉工艺是破碎小麦，从里向外逐道刮剥轻研细磨，以多道筛理的方式提取面粉。由于小麦皮层组织结构紧密而坚韧，而胚乳组织疏散而松软，在相同的压力、剪切力和削力下，两者粉碎后产生的颗粒大小不同，可利用筛理的方式来分离。目前国内外制粉厂应用最广泛的是中路出粉工艺，其特点是：轻研细磨、多造渣心、分级清细、同质合并、系统健全、负荷均衡、扩大清粉、加强打刷，对提高产品质量及出粉率有巨大优越性。

纵观整个20世纪，制粉的基本原理和生产方式没有发生根本性的变革，但其生产方法日趋成熟，并在生产工艺上不断创新变革，如八辊磨制粉工艺、撞击磨制粉工艺和压片制粉工艺。

2.小麦剥皮制粉工艺

小麦制粉中要将麦皮和胚乳完全彻底地分离，理论上最佳的物理方法是剥皮制粉，剥去皮层，提出胚，保留胚乳，最大限度地磨制不受皮层污染的纯净胚乳粉。剥皮制粉工艺具有降低农药残留等对面粉的污染、改善面粉色泽、强化面粉的营养、简化工艺、提高副产品的利用价值等优点，但一直不能大面积推广和应用，究其原因是小麦籽粒的特殊结构，不能做到完全剥皮制粉。“多元渐压旋剥”利用机械力和空气动力学相结合原理，对小麦皮层进行逐渐加压逐渐增加搓揉力，使小麦皮层与基体产生位移达到整片被撕拉搓剥下来的目的，同时在搓剥过程中通过高速气流使麦粒立体旋转达到剥皮均匀的目的。该项研究成果已获国家专利并通过陕西省科技厅组织的专家技术成果鉴定，与会行业资深专家对该研究成果给予较高评价。

3.专用粉生产工艺流程

(1)分级与除杂

生产高等级专用面粉时最好把小麦分级技术和清洁生产结合起来，如小麦表面农药、虫卵、微生物清除技术，霉变粒、鼠粪等有害物质的分选技术，虫蚀粒、瘪麦等劣质小麦分级技术，以保证专用面粉的质量和清洁程度。

(2)配麦与调质

对于水分、硬度差别较小的小麦可采用毛麦搭配，对于水分、硬度差别大的小麦(特别是优质小麦和普通小麦搭配时)最好采用光麦搭配，以保证最佳的水分调质效果。以保证入磨水分适合加工工艺要求为原则，根据小麦品质状况，选用合适的调质方式和手段，减少调质时间，降低微生物活性，采用净化水调质，防止外来污染源介入。

(3)制粉工艺

国内企业大多采用配麦法与在线配粉法结合生产专用粉，甚至部分企业直接采用在线配粉法生产专用粉。专用粉制粉工艺应根据产品种类和产品结构而定。总的来说，应遵循以品质分级、加大粉流品质差异的原则，利用小麦分级加工技术、强化物料分级技术、物料纯化技术、细料特殊处理技术来保证制粉效果。对面粉各粉流理化指标、外观品质、面团流变学特性、食用品质进行评价，为在线配粉提供基础。

(4)后处理工艺

将几种单一品种或经过搭配的小麦生产出的不同品质、不同精度的基础面粉按照专用粉的品质要求，经过适当比例的混配，将有限的等级粉配制成多品种的专用面粉。

(5)专用粉修饰

专用粉修饰主要包括品质改良和营养强化。品质改良是采用物理、化学、生物或其他手段对专用粉品质进行有目的的调整、改进和完善，使之更加适合食品品质的要求。营养强化是通过添加营养素(加工损失的或本身缺少的)的方法来提高小麦粉的营养品质。专用粉修饰时一定要结合面粉自身缺陷合理选择修饰方式，保证添加准确和均匀，防止添加后分级；不违禁使用和过量使用添加剂，确保食品安全；营养强化应在不影响专用粉食用品质前提下使用。

二 小麦专用粉生产方法

专用粉是指适用于某类面制食品的加工工艺要求和品质要求而生产的具有专门用途的小麦粉，如面包粉、面条粉、糕点粉、饼干粉等。随着我国食品工业和饮食业的快速发展，专用粉的需求量越来越大，专用粉的生产越来越受到关注。目前我国专用粉生产的主要方法有配麦法、在线配粉法、配粉仓配粉法。

1.配麦法生产专用粉

配麦法生产专用粉既可以实现品质互补，又可以降低成本，因此被较多厂家采用。将不同品质的小麦按一定比例搭配加工，这是保证成品用小麦粉质量和出粉率的重要一环。专用小麦粉的配麦，可根据几种小麦蛋白质含量和质量搭配加工，以获得适宜的专用小麦粉。配麦生产工艺要重视小麦的清理工作，完善制粉工艺流程，严格控制各道磨粉机的操作指标，还应经常检测各路小麦粉的灰分、湿面筋含量和质量。只有做到这些,才能加工出名副其实的专用小麦粉。

2.粉流在线配粉法

所谓粉流在线配粉,是指在面粉的生产流程中,根据各出粉面粉(称为“粉流”)的质量及品质差异情况,将质量、品质相近的面粉混配在一起而得到一种或几种专用粉的配粉方法。该技术是在制粉流程中,利用同一粒小麦不同层次的蛋白质含量和性质的不同,实现有效的逐层剥刮制粉,利用制粉流程中各系统粉流之间的特性差异,在流程中根据专用粉的品质要求,将质量、品质相近的粉流拨入同一绞龙,混配成符合要求的专用粉或为配粉系统提供基础面粉。

在整个研磨过程中,小麦被分成皮、心、渣、尾等不同系统。每个系统的货料都是每粒小麦中各个不同部位的集合,而小麦的不同部位的结构和品质各异,因此,各系统货料质量存在差异,研磨所得面粉的品质自然各不相同。灰分含量的一般规律是:渣磨粉<心磨粉<皮磨粉,前路粉<后路粉。面筋质含量:皮磨粉>渣磨粉>心磨粉,后路粉>前路粉。面筋质量的一般规律是:皮磨粉延伸性好,弹性差;心磨粉延伸性差,弹性好;渣磨粉延伸性、弹性适中。重筛粉特性与皮磨粉相近。以渣磨粉为中心,搭配部分皮磨粉,增加延伸性,再搭配部分心磨粉增加弹性,达到生产专用粉的要求。

3.配粉仓配制专用粉(面粉后处理工艺)

配粉是生产专用小麦粉的重要手段。将蛋白质含量及质量不同的小麦分别加工得到的基础面粉分别存放在不同的粉仓内,根据食品厂家的需要,可以搭配成多种类型的专用粉。配粉法具有原粮利用率高、配比多且便于操作、生产工艺稳定、微量添加准确、产品质量稳定等优点。绝大部分专用小麦粉可通过以下四种方法获得:①在面筋质量基本相同的情况下,根据面筋含量配粉。②根据面团评价值配粉。③根据降落数值(换算成液化值)配粉。④根据灰分值配粉。

三 生产小麦专用粉必备条件

1.必须有与专用粉品质相匹配的原料小麦

原料小麦是生产专用粉的基础。虽然面条粉、馒头粉和水饺粉等中筋、中强筋专用粉可以通过强筋、中强筋、中筋小麦配麦和配粉工艺生产,但没有满足专用粉品质要求的小麦,无论采用何种先进的工艺,要想生产出合格的面包粉、饼干粉、糕点粉都是不可能的。生产专用粉时,首要的是优选原粮,即选择蛋白质含量和质量适宜的小麦,做到专麦专用。

2.建立完善的品控研发设施和体系

品控研发贯穿整个专用粉生产过程,从产品开发、原粮选配、过程质量控制、面粉修饰、配比优化,到产品质量和食用品质监测,每个环节都离不开品控研发,因此建立一支技术过硬的品控研发团队是非常必要的。

(1)原料粮品质监测与评价

对可能使用的小麦的各项指标进行分析检测,建立小麦档案库,包括产地、品种、各项品质指标以及对不同面制食品的适应性等,为原料选择提供基础数据。通过对实际生产面粉品质指标分析,得到小麦品质指标与实际生产面粉品质指标相关性,从而能够根据原料品质预测面粉品质;通过小麦品质与面制食品质量相关性分析,找出小麦品质与食品品质的相关性,从而根据小麦品质预测食品品质状况。

(2)面团流变学特性测定

面团流变学特性的测定能较好地反映各专用粉的实际品质,所采用的仪器主要有布拉班德粉质仪、拉伸仪,一般均应配备小型实验磨,以便能做少量小麦样品的试验。此外,还有肖邦吹泡仪、布拉班德黏度仪、糊化仪、降落值仪等。采用这些仪器并相应建立起一些重要的指标,如吸水率、稳定性、评价值、弱化度、延伸性、抗延阻力、降落数值等。

（3）烘焙、蒸煮特性试验

评价专用粉的好坏，最直接、最可靠、最全面的方法是制作食品小样，进行烘焙及蒸煮试验，对面制食品进行外观鉴定和品尝，根据各类食品的评分标准分别给予打分。以烘焙或蒸煮实验的结果作为最终的评定标准，来保证产品质量符合食品加工所需食品专用粉的要求。

3.稳定是专用粉的核心因素

面粉的均质和稳定是食品工业对面粉质量的最重要的要求。各种专用粉，之所以有“专用”二字，就是因为其有适于加工某种食品的稳定质量。某种食品在加工中，设备工艺和原辅料配方都是固定的，要求原料面粉的质量稳定，若面粉质量忽高忽低，则对这种食品的加工是不利的，必然会影响食品的质量。

第二节　安徽专用小麦产业发展建议

一 发展定位

立足新发展阶段，贯彻新发展理念，融入新发展格局，对接长三角一体化标准。通过体制、机制和科技创新，聚焦重点区域，紧盯强筋、中强筋和弱筋小麦，实现区域化布局、规模化种植、标准化生产、产业化发展，延伸产业链，提升价值链，打造供应链，构建从产前到产后、从种子到餐桌的全产业链发展格局。

二 基地建设

1.加工带动

优化营商环境，吸引专用粉生产和主食食品、休闲食品、中央厨房食品、民族特色食品、功能保健食品精深加工企业；扶持本土粮食加工企业发展壮大，扩大产业规模，培育深加工龙头企业。大力发展秸秆、初加工副产物综合利用加工业，延长产业链，促进加工向精深化与资源综合利用化延伸。引导食品加工企业与专业化冷链物流企业资源整合和合作，开展“公司+基地+冷链物流”“中央厨房+冷链配送”等供应模式创新，实现以加工业促进种植业，以流通业促进加工业的“三产联动”发展格局。

2.订单生产

开展多种形式的产销对接活动，组织当地种植大户、合作社、经销商，同县内外用粮企业进行购销洽谈；推进粮食收储企业、加工企业与产地规模经营主体对接，签订产销订单。引导粮食收储企业、加工企业自建，或与新型经营主体联建优质麦生产基地，规模化订单种植、合同收购。

3.单品种规模化统一种植

鼓励专业合作社等新型经营主体开展社会化服务，通过土地流转、托管等发展规模种植。以农业相关企业、种粮大户、家庭农场、农民种植专业合作社、行政村等为单元，实行单品种集中连片种植，每个品种片区不少于1 000亩。实行统一良种供应、统一肥水管理、统一病虫防控、统一技术指导、统一机械作业、统一收获、统一销售，力争实现“一村一品（品种）”“多村一品（品种）”或“一镇一品（品种）”。

4.分级收储

以家庭农场、农民合作社、小微企业以及村集体经济组织等专用小麦产地经营主体为依托，建立分级收储制度；鼓励和支持粮食收储企业根据市场需求，积极提供优质小麦专收专储、代收代储服务。根据不同等级的小麦品质指标建立分级加价体系，实现普通、绿色、有机和强筋、中筋、弱筋等各级小麦均能按质保价收购。根据各加工企业的需求合理分配，将绿色、有机小麦分配给市场定位高端的加工企业，将强筋麦优先供给面包、方便面、速冻食品加工企业，将中筋小麦优先供给生产专用粉的食品加工企业，打通不同等级小麦的供应链。

5.集成应用绿色优质高效技术模式

在淮北中北部、沿淮和江淮丘陵地区，分别建立核心试验区，开展专用小麦、玉米、大豆种质资源挖掘、新品种选育和绿色增产增效技术创新与集成示范，支撑引领区域专用小麦绿色增产增效。围绕节肥、节药、节水、省工，集成应用高质量播种、化肥减量和氮肥后移、有害生物绿色防控和宽幅匀播（优良品种+秸秆还田+精细整地+种肥同播+扩大行距+增加播幅+重施拔节肥水+全程机械化）、深松深耕条播等机械化技术模式[优良品种+秸秆还田+深耕（松）+机械条播+机械镇压+灌越冬水+重施拔节肥水+全程机械化]，实现农机农艺深度融合、良种良法高度配套。

6.体制创新

围绕优质小麦生产的各个环节，以产销订单和合作合同为纽带，联合用粮企业、农资、金融保险、新型经营主体、社会化服务等机构和组织，组建优质专用小麦产业化联合体。通过联合体的牵引带动作用，整合各方资源，完善利益联结机制，稳定产销关系，实现生产过程的机械化、精准化、信息化，提升资源配置水平和利用效率。

三 打响品牌

支持建设起点高、规模大、机制新的现代化食品加工企业，开发适合地方特色或风味的专用粉、方便食品和有市场、有卖点的降糖面粉、减肥面粉、高钙面粉、孕产妇专用面粉等功能性面粉，引导龙头企业发展主食加工、休闲食品加工、保健食品加工，丰富和扩大营养麦片、营养麦仁、营养早餐等主食厨房产品，开发绿色、有机小麦专用粉和由此派生的绿色食品。注册农产品区域公共品牌，培育和申请地理标志证明商标，建立“食安安徽”品牌培育、认证和示范体系，形成标准化生产、产业化运营、品牌化营销的食品产业新格局。使面粉特有品质与东方美食的可口性、易消化性完美地结合在一起，打响安徽优质麦品牌。

第三节 淮北地区中强筋小麦标准化栽培技术规程

一 范围

本规程规定了强筋、中强筋小麦亩产500~600千克的基础条件、产品质量和主要栽培技术。本规程适用于黄淮冬麦区南片的安徽淮北、江苏徐州和河南郑州以南地区中上等水肥地区强筋小麦生产。

二 基础条件

1.气象条件

小麦全生育期0℃以上积温2 100~2 300 ℃，越冬前积温600~650 ℃，极端最低温度不低于-10 ℃。平均年日照时数大于2 300小时，小麦生育期间日照时数不少于1 300小时。年平均降水量不大于850毫米，小麦生育期间降水量不大于350毫米。

2.土壤养分条件

要求地势平坦，有良好的耕作基础，潮土或砂姜黑土。耕作层含有机质≥1.3%，全氮≥0.08%，碱解氮≥70毫克/千克，速效磷≥15毫克/千克，速效钾≥100毫克/千克。

3.产量及品质

亩产量500~600千克，品质符合《优质小麦　强筋小麦》(GB/T17893—1999)的规定。

4.品种选择

选用品种应符合《专用小麦品种品质》(GB/T17320—1998)和《优质小麦　强筋小麦》(GB/T17893—1999)的规定，而且应已通过安徽省农作物品种审定委员会审定或通过全国农作物品种审定委员会审定且适宜安徽淮北中北部地区种植的强筋、中强筋小麦品种。

5.播种

(1)播前准备

种子。种子质量应符合《粮食作物种子》(GB 4404.1)二级以上规定指标。播前进行种子包衣或药剂拌种。

底墒。播前因地造墒,每亩浇水45~50米^3(播前有降水30毫米以上时,可不浇),保证耕层土壤含水量占最大持水量的70%~80%。

底肥。亩施有机肥2.5~3.5米^3、纯氮10~11千克、五氧化二磷5~6千克、氧化钾8~10千克、硫酸锌1.0千克,整地前撒施。

整地。耕深耙透。耕深不小于20厘米,畦面平整,无明暗坷垃,耙盖踏实。

(2)播种阶段

播期。弱冬性、半冬性品种播种时间为10月上中旬,春性品种播种时间为10月下旬。

适宜播种密度。半冬性品种亩基本苗15万~20万株,春性品种亩基本苗18万~24万株。播期偏早和肥力水平较高的取下限。

播种质量。播种深度3~5厘米,播种要匀,深度一致,播量准确,播后压实。

6.田间管理

(1)冬前管理

管理目标。争取全苗、匀苗、壮苗,促进早发多分蘖。

壮苗的标准。12月下旬,小麦进入越冬期时,淮北地区半冬性品种主茎叶为6~7片,3~4个分蘖,6~8条次生根,总茎蘖数(60~70)万/亩。春性品种主茎叶为5~6片,2~3个分蘖,4~6条次生根,总茎蘖数(50~60)万/亩。

及时查苗、补苗、疏苗。对因播种机故障造成的个别缺苗断垄或漏播,及时浸种带水补种,杜绝10厘米以上的缺苗和断垄现象。待麦苗长到4~5叶期,结合疏苗和间苗,进行一次带水移栽补苗。

弱苗早促。长势偏弱的田块,早施分蘖肥。分蘖肥可在越冬期结合腊肥施用，腊肥宜选用优质的腐熟有机肥，每亩2 000~3 000千克，或亩施尿素5~7千克。未施腊肥或腊肥施用量偏少的田块，春季的追肥时间适当提前，于返青期每亩施用4~5千克尿素，促进麦苗分蘖发根。

旺苗早控。对播种出苗较早，群体偏大，越冬期有可能拔节的麦田，进行镇压，同时结合中耕除草深中耕1~2次。

（2）春季管理

除治杂草。冬前未进行化除的地块，小麦起身期用除草剂除治杂草，方法同一般小麦品种。

化控降秆防倒。在返青后拔节前，对亩茎蘖数超过100万的麦田，用壮丰安进行化控。壮丰安用量为30~40毫升/亩，加水25~30千克/亩，进行叶面喷施，务求喷匀。也可结合化学除草进行。

拔节期肥水管理。正常苗情，在小麦起身末至拔节期追施拔节肥，施纯氮4~5千克/亩。群体偏小、苗情偏弱、茎蘖数不足的可适当提早管理，群体偏大、苗情偏旺的延迟到拔节后期至旗叶露尖进行管理。遇旱时追肥结合浇水。

防治病虫。纹枯病、白粉病、赤霉病和锈病重发年份，根据预测预报，于3月底至4月初用浓度为15%的粉锈宁75~100克/亩，兑水30~40千克/亩喷施。小麦扬花初期，用浓度为36%的粉霉灵70~100克/亩+浓度为40%的氧化乐果100毫升/亩+磷酸二氢钾100克/亩，加水30~40千克/亩均匀喷雾。

适时收获。收获掌握在腊熟末期，不宜过晚。收获前去杂去劣。做到单收、单贮，严防机械混杂和混收混放。收获后及时晾晒。

第四节　沿淮、江淮地区弱筋小麦标准化栽培技术规程

一　范围

本规程规定了弱筋小麦生产的产量、品质指标和主要栽培技术要点。

本规程适用于安徽沿淮和江淮地区弱筋小麦栽培。

二 主要指标

1.产量与品质

产量：每亩产量400~500千克，每亩有效穗数34万~36万，每穗粒数33~38粒，千粒重35~40克。品质：容重≥750克/升，水分≤12.5%，不完善粒≤6.0%，粗蛋白质含量≤11.5%，湿面筋含量≤22%，降落数值≥300秒，形成时间<2.0分钟，稳定时间≤2.5分钟。

2.主要生育指标

（1）冬前壮苗指标

越冬期亩茎蘖数55万~65万，主茎叶数5~6片，单株分蘖2~3个，单株次生根4~6条。

（2）群体动态指标

越冬期茎蘖数（55~65）万/亩，起身拔节期茎蘖数（80~90）万/亩，成熟期穗数（32~35）万/亩。

3.品种选择

选用品种应符合《专用小麦品种品质》（GB/T17320—1998）和《优质小麦 强筋小麦》（GB/T17893—1999）的规定，而且应已通过安徽省农作物品种审定委员会审定或通过全国农作物品种审定委员会审定且适宜安徽沿淮及江淮地区种植的弱筋小麦品种。

三 栽培技术

1.整地技术

秋收作物适时抢收，腾茬整地。早茬田早耕翻，随犁随耙，雨后注意耙地保墒，结合整地施好底肥，适时抢墒播种；晚茬地应及时腾茬、整地、施肥、播种。

整地标准："深、透、实、足"。一般深度为20~25厘米，上虚下实，沟直厢平。

开好麦田一套沟，开沟要做到畦沟、腰沟、田头沟三沟配套，沟沟相通。畦沟深25~30厘米，腰沟深35~40厘米，田头沟深45~50厘米，沟宽均为20厘米左右。

2.播种技术

播前准备。种子质量应符合《粮食作物种子》（GB 4404.1）二级以上规定指标。播前进行种子包衣或药剂拌种。

播期。适宜播期在10月下旬。

播种方式。机条播或稻板茬少免耕撒播。

播量。每亩播精选麦种7.5~9.0千克。

3.施肥技术

（1）总施肥量

每亩施有机肥2 000千克、纯氮 10~12千克、五氧化二磷5~7千克、氧化钾8~10千克。

（2）基肥

一般中低产田块氮、磷、钾肥一次性全部底施。中高产田块，为了协调高产与优质的关系，有机肥、磷、钾肥及70%氮肥基施。

（3）追肥

追施的氮肥不超过总施氮量的30%，追肥时间提前到返青期，拔节以后不再追肥。对于后期早衰的田块，喷施磷酸二氢钾等叶面肥。

4.田间管理

（1）苗期管理

及时查苗、补苗。小麦出苗后及时查苗补缺与疏苗，如发现缺苗断垄现象，立即用同一品种催芽补种，如有疙瘩苗应及时疏苗。

田沟早清。播种后及时清沟，保持田里田外沟沟相通，能排能灌。

杂草防治。11月中下旬，杂草1~2叶期，根据草害种类选用除草剂并均匀喷雾防治。

弱苗早促。对长势偏弱的田块，早施分蘖肥。分蘖肥可在越冬期结合腊肥施用，腊肥宜选用优质的腐熟有机肥，每亩1 000~1 500千克，或亩施尿素5~7千克。

旺苗早控。对播种出苗较早、越冬期有可能拔节的麦田，结合中耕除草深耕1~2次。或每亩用20%壮丰安35毫升，兑水40千克进行叶面喷施，化控蹲苗。

（2）中后期管理

清好沟渠，抗旱排渍。小麦拔节、孕穗、开花灌浆阶段，遇涝要及时排涝，做到雨住田干；如遇干旱，结合追肥及时浇水抗旱。

病虫害防治。防治纹枯病用多菌灵拌种，3月上中旬，亩用20%井冈霉素粉剂50克，兑水茎基部喷雾防治；防治赤霉病、白粉病于抽穗扬花期用多菌灵加粉锈宁喷雾，防治蚜虫用吡虫啉。

5.机械收获

5月底至6月初，掌握蜡熟末期收割，及时扬净、晒干，安全贮藏。

附　　录

近年来,国审、安徽省审小麦品种见附表1,安徽省农作物品种审定委员会审定小麦品种见附表2，安徽省农作物品种审定委员会引种备案小麦品种见附表3。

附表1　2011—2021年国审、安徽省审小麦品种名录

年份	冬春性	品质	品种名称
2011	半冬性	中筋	中原6号、周麦27、山农20
	半冬性	强筋	丰德存麦1号、徐麦31、宿553
	弱春性	强筋	西农509
2012	春性	中筋	宁麦18、扬麦22、苏麦188
	半冬性	中筋	周麦26号、平安8号、金禾9123、中麦895
	半冬性	中强筋	郑麦7698
	弱春性	中筋	漯麦18
2013	春性	中筋	扬麦21、镇麦11号、宁麦22、宁麦23
	春性	强筋	浩麦一号、扬麦23
	半冬性	强筋	隆平麦518
	半冬性	中筋	徐麦33、周麦28号、淮麦35、涡麦99、华成3366
	弱春性	强筋	郑麦101
	弱春性	中筋	洛麦24、新麦23、淮麦30
2014	半冬性	中筋	淮麦33、未来0818、豫麦158、瑞华麦520
	半冬性	强筋	丰德存麦5号、存麦8号
	弱春性	中筋	明麦2号、天民198
	弱春性	强筋	博农6号
2016	春性	中筋	苏麦11、扬麦25、华麦6号、亿麦9号
	半冬性	中筋	周麦30号、德研8号、冠麦1号、洛麦29、许科129、烟农999、郑麦379、圣源619
	半冬性	中强筋	保麦6号、郑品麦8号
	弱春性	中筋	豫教6号、轮选99、中研麦1号、中育1123、中原18
2017	春性	中筋	宁麦26
	弱春性	强筋	西农529
	半冬性	中筋	恒进麦8号、天益科麦5号、德研16、徐麦35、泉麦890、濮兴5号、丰德存麦12号、沃德麦365
	弱春性	中筋	瑞华麦523、新麦29、偃高21、西农585

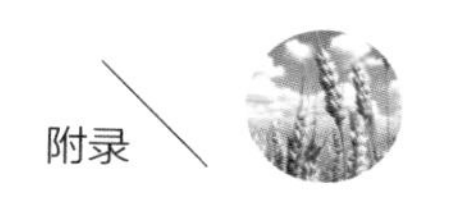

续表

年份	冬春性	品质	品种名称
2018	春性	中筋	隆垦麦1号、安农1124、国红3号、华麦1028、扬麦28、扬辐麦8号、扬辐麦6号
	春性	弱筋	光明麦1311、农麦126、皖西麦0638
	半冬性	中筋	新麦32、商麦167、鑫农518、轮选16、荃麦725、轮选66、郑育麦16、许科168、洛麦26、轮选13、郑麦618、赛德麦1号、皖垦麦1221、郑麦369、涡麦66、俊达109、潍1216、濮麦6311、高麦6号、光泰68、新麦36
	半冬性	中强筋	豫丰11、周麦32号、瑞华麦518
	半冬性	强筋	锦绣21、西农511、周麦36号
	弱春性	中筋	淮麦40、先天麦12、众麦7号、华成863、驻麦328、瑞华麦516
2019	春性	中筋	国红6号、徽麦5号、宁麦27、苏研麦017、扬辐麦9号、扬麦30
	半冬性	中筋	存麦16、丹麦118、华伟303、淮麦46、联创麦11、轮选166、民丰3号、农大2011、平安518、泉麦29、泰禾麦2号、新麦35、许科918、豫农186、珍麦3号、郑麦103、郑麦132、郑麦136、郑麦1860、郑品麦22号、中农麦4007、中育1220、紫麦19、存麦11、机麦211、赛德麦5号
	半冬性	中强筋	泛育麦17、安科1405
	半冬性	强筋	郑麦119
	弱春性	中筋	西农528、驻麦305
2020	春性	中筋	明麦133、扬辐麦10号、镇麦13、光明麦1415、中垦麦212、扬麦27、扬麦24、日辉1510、丰麦216、宁麦28、华麦8号
	春性	弱筋	乐麦G1302
	半冬性	中筋	漯麦26、冠麦2号、泉麦31、洛麦27、泰禾麦5号、郑品麦25号、华伟307、濮麦087、漯麦163、濮麦168、郑麦6694、涡麦606、徐麦178、中麦875、淮麦44、华展199、永丰101、涡麦101、涡麦1211、中育9302、谷神6号、江麦186、徽研912、轮选146、商麦156、徐麦2023、新科麦168、西农100、西农99、吉兴653、院丰369、西农369、金粒9号、圣麦102、菏麦26、秋乐6号、金诚麦17号、郑麦1342、郑麦129、豫丰307、平麦189、濮麦053、洛麦28、农麦168、粮源麦2号、丰德存麦13号

续表

年份	冬春性	品质	品种名称
2020	半冬性	强筋	西农20、万丰269、华伟305、中麦578、艾麦24、徐麦511、郑品优9号、周麦33号
	半冬性	中强筋	安科157、西农364、伟隆169、安科1303
	弱春性	中筋	天益科麦6号、西农501、淮麦43
	弱春性	中强筋	大平原1号
	冬性	中筋	隆平899、泛麦803、涡麦182、中麦30
2021	春性	中筋	金丰麦2号、宁麦32、宁麦31、中垦麦616、宁麦30、扬麦31、扬麦33、信麦136、盐麦1号、光明麦1526、国红12、泰麦902、宁麦29、农麦99、日辉麦22、襄麦46、华麦10号
	偏春性	中筋	苏麦0558、信麦129、国红9号
	春性	中强筋	宁麦资218、宁麦资166
	春性	弱筋	扬麦36、扬麦32
	春性	强筋	苏麦288
	半冬性	中筋	许研5号、郑麦16、豫农804、平安658、华成865、丰韵麦5号、涡麦77、淮麦45、宝亮5号、淮麦1033、厚德麦981、淮麦47、赛德麦8号、濮麦1165、郑麦22、中育1428、驻麦762、利麦1号、众麦1818、淮麦52、丰韵麦6号、创麦58、西农733、瑞华麦568、轮选6号、百农4199、丰德存麦23、涡麦505、濮麦117、中麦6052、皖宿0891、天麦160、安农1589、昌麦20、皖宿1510、平安11号、郑麦150、信粮9号、平安803、郑麦9188、徐麦706、粮源666、苏研麦658、百农418、国禾麦1号、成麦791、众信麦998、圣麦108、淮麦178、淮麦51、创麦68、新植9号、皖宿0628、弘麦360、荣华116、烟农1212、成麦608、皖宿0313、连麦9号、漯麦116、航宇19、潍1615、潍1309、洛麦37、艾麦180
	半冬性	强筋	新麦45、稷麦336、新麦38、科大1026
	偏春性	中筋	天益科麦7号
	半冬性	中强筋	西农235、华伟306、德宏福麦11、丰德存麦21、濮麦8062、安科1701、西农629
	冬性	中筋	安麦1350
	偏冬性	中筋	苑丰12

附表 2　2011—2021 年安徽省农作物品种审定委员会审定小麦品种目录

年份	冬春性	品质	品种名称
2011	春性	中筋	皖垦麦 076、扬辐麦 5 号
	弱春性	中筋	轮选 22
	半冬性	中筋	宿 553、红皖 88、皖垦麦 1 号、皖麦 999、谷神 6 号、陕麦 139、鑫麦 8 号、阜麦 8 号
	弱春性	中筋	皖垦麦 102、涡麦 8 号、皖科 06290
2013	春性	中筋	苏麦 9 号、皖麦 606
	半冬性	中筋	紫麦 19、未来 0818
2014	半冬性	中筋	皖垦麦 0901、安农 0711
2015	春性	中强筋	罗麦 10 号
	春性	中筋	宁麦 24
	半冬性	中筋	国盛麦 1 号、山农 22 号、济科 33、亳轮选 33
	半冬性	强筋	涡麦 9 号
	半冬性	中强筋	西农 822、鲁原 502
2016	春性	中筋	苏隆 128、徽麦 101、豪麦 13、乐麦 608、苏麦 10 号、豪麦 16、淮育麦 1 号、安农 1124、国红 3 号、龙麦 169、徽麦 202
	春性	糯小麦	安农 1019、安农 1012
	春性	弱筋	皖西麦 0638
	半冬性	中筋	龙科 1109、青农 3 号、乐麦 L598、绿雨 7 号、烟宏 2000、安农大 1216、阜麦 9 号、徽研 22、华成麦 1688、皖垦麦 1221、山农 102、徽研 77、濉 1216、乐麦 207、皖麦 203、安 1243、亿麦 11
	半冬性	中强筋	涡麦 11 号、安科 157
	半冬性	强筋	华成 859、荃麦 725
	弱春性	中强筋	蜀鑫麦 208、安科 0817
2017	春性	中筋	白湖麦 6 号、喜红 3 号、旺嘉麦 2 号、皖新麦 05012、轮选 27、华齐麦 5 号、扬辐麦 7 号
	半冬性	中强筋	隆平麦 6 号、安科 1303
	半冬性	中筋	柳麦 618、濉 1309、安 1302、瑞麦 618、恒麦 168、中涡 22、涡麦 101、瑞华麦 218、淮核 12013、永民 1718、富麦 669、苏泰麦 1 号、大地 2018

续表

年份	冬春性	品质	品种名称
2017	半冬偏春性	中强筋	华成 2019、皖垦麦 0622
	弱春性	中筋	白湖麦 5 号、喜红 1 号
2018	半冬性	中筋	涡麦 102、徽研 912、安科 1401
	半冬性	中强筋	柳麦 716、鲁研 128
2019	春性	中筋	轮选 33、皖新麦 5 号、绿雨 887
	半冬性	中筋	登海 208、青农 6 号、徽研 66、鲁研 888
	半冬性	强筋	中麦 578、宿 4185、宿 4128
	半冬性	中强筋	谷神 28、安农 15210、皖垦麦 9 号、淮麦 43、诚麦 1599、轮选 146
2021	春性	中筋	久好麦 2 号、镇育麦 6 号、皖西麦 0501、扬红 6 号、凯麦 1778、安农 1580、凤科 1205、皖农 206、东昌 708、科麦 1608、滁麦 128、乐麦 0858、凯麦 1176、皖农 505、凯麦 1138、皖麦 709
	春性	糯小麦	安农 1609
	春性	黑小麦	安农 1601
	半冬性	中筋	荃麦 505、中星 999、涡育 16、皖农 0907、淮麦 55、金麦 106、涡麦 203、华成 5183、西农 109、鲁研 583、安农 1589、皖宿 906、涡麦 103、阜航麦 1 号、华皖麦 10 号、隆平麦 9118、乐麦 Z807、菏麦 19、巡麦 118、宿育 07021、华成 3077、皖农 398、东昌 668、皖科 20、皖科 189、荃麦 979、富麦 668、科麦 1007、鲁研 955、阜麦 13、新世纪 999、阜麦 15、谷神 158、柳麦 2020、隆麦 9910、华麦 299、安农 1687、瑞晶麦 8441、齐民 7 号、皖新麦 799、中星 18、淮麦 168、皖麦 818、皖麦 303、诚麦 1 号、金桥 2020、恒麦 1618、梦麦 2 号、丰星麦 4 号、丰星麦 8 号、富麦 2000、富麦 666、新研 7 号、泰田麦 699、农易丰 33
	半冬性	中强筋	皖垦麦 22、安科 1602、远育 0370、中麦 6032、皖麦 1648、淮麦 606、合丰麦 8 号、丰星麦 2 号、涡麦 404、瑞丰 218、皖宿 0838、华成 5155、安科 1802、安科 1618、柳麦 521、亳麦 171、科麦 16068
	半冬性	强筋	济麦 44、皖垦麦 1506、谷神麦 19、雨田 2018
	半冬性的特殊类型（紫色）	中筋	柳紫黑麦 1 号

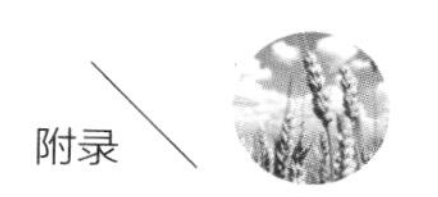

附表 3　2012—2021 年安徽省农作物品种审定委员会引种备案小麦品种目录

年份	冬春性	品种名称
2012	半冬性	山农 17、良星 99、明麦 1 号、青农 2 号
2013	春性	宁麦 17、镇麦 9 号
	半冬性	淮麦 24
	半冬性偏冬	烟农 5286、泰农 18
2014	半冬性	泰农 19、良星 77、保麦 1 号
2017	春性	荆麦 103、豫农 98、偃亳 197、苏科麦 1 号、扬辐麦 4 号、扬麦 16、扬麦 24、宁麦 21、宁麦 14、镇麦 12
	半冬性	淮麦 32、连麦 6 号、江麦 816、豫教 5 号、淮麦 26、淮麦 31、农麦 1 号、淮麦 39、连麦 7 号、徐麦 30、徐农 029、江麦 919、平安 11 号、良星 77、开麦 22
2018	春性	农麦 88、隆麦 28、宁麦资 126、扬富麦 101、金运麦 1 号、宁麦 20、苏麦 8 号、华麦 5 号、华麦 7 号、镇麦 10 号
	半冬性	豫农 416、明麦 16、徐麦 32、囤麦 127、泰麦 733、豫农 804、百农 4199、西农 20、百农 889、赛德麦 7 号、新科麦 168、遂选 101、金地 828、瑞华麦 521、小偃 68、淮麦 43、兆丰 3188、西高三号、泰禾麦 1 号、亚麦 1 号、豫圣麦 21、怀川 101、百农 418、鑫华麦 818、西农 805、陕垦 224、许农 7 号、许麦 318、淮麦 36、淮麦 920、西农 538、西农 583、天麦 535、佳源 6 号、泛麦 803、泛麦 7030、泛麦 8 号、连麦 5 号、信麦 69、小偃 58、丰德存麦 13 号、存麦 18 号、丰德存麦 20 号、陕农 33、众麦 998、众麦 1 号、俊达 104、俊达 106、滑育麦 1 号、孟麦 032、孟麦 028、金丰 205、保麦 218、保麦 330、淮麦 44、西农 668、福高 328、西安 240、天麦 863、中育 9302、中育 9398、迁麦 088、烟农 19、垦星一号、连麦 8 号
	弱冬性	西农 3517、航麦六号
	弱春性	天民 184、百农 201、阎麦 2037、怀川 358、怀川 919、郑麦 583、春丰 0017、偃科 048、许麦 2 号、孟麦 023、漯麦 6010
	半冬性	伟隆 169
	偏春性	怀川 916、西农 658

续表

年份	冬春性	品种名称
2019	春性	扶麦 368、华麦 1309、金运麦 3 号、宁麦资 119
	半冬性	农麦 152、农麦 158、秋乐 2122、秋乐 168、温原 0528、弘展 628、偃高 58、创星 26 号、郑品麦 24、中植 0914、安麦 1241、科林麦 969、陕垦 6 号、陕禾 192、陕麦 159、中麦 349、小偃 23、西农 239、小偃 269、致胜 5 号、藁麦 5218(弱春性)、仪麦 1 号、福高 1 号、福高 2 号、丰德存麦 22、郑育 11、秦农 578、秦鑫 271、天麦 899、徐麦 99、徐麦 818、漯麦 906、泛麦 536、盈满 208、江麦 23、孟麦 0818、兴民 58、濮兴 8 号、枣乡 158、仪麦 2 号、西麦 158、淮麦 45
	弱春性	囤麦 128、峰选 369、华麦 999、西农 389、先麦 10 号、囤麦 257、新原 958、华麦 1168、天宁 38 号
	弱冬性	西农 1018
2020	春性	农麦 156、扬麦 29
	半冬性	才智 566、洛麦 31、郑麦 158、亿麦 6 号、禾美 988、兴民 68、豫农 607、菊城麦 6 号、晨博 998、枣乡 168、中研麦 6 号、泰禾 882、西农 9112、伟隆 136、百麦 1811、百农 307、百农 365、瑞星麦 618、郑麦 22、瑞华麦 506、丰舞 981、科达 668、兴民 118、天麦 119、科林 201、中育 10 号、天民 304、农丰 111、百农 219、;囤麦 259、金地 8931、金展 638、开麦 1502、华麦 118、凌科 608、凌麦 669、武农 6 号、洛麦 34、喜麦 199、济研麦 10 号、云台 301、保麦 158、奉先 211、泛育麦 18、泛育麦 20、郑麦 1354、保麦 2 号、徐麦 9158、中新 78、中育 1686、卓麦 6 号、郑科 168、禾丰 3 号、温麦 968、温麦 168、西农 059、阎麦 5810、浚麦 169、西高 9924
2021	春性	镇麦 15、方裕麦 66、襄麦 75、瑞华麦 596
	半冬性	郑育 8 号、豫农 908、浚麦 802、浚麦 K8 号、富麦 708、西农 579、神舟麦 216、农麦 188、淮麦 50、豫园 7 号、春晓 186、轮选 1658、晨博 3518、西农 38、禾麦 32、禾麦 11、伟隆 121、伟隆 158、稷麦 209、金丰麦 1 号、镇麦 18、孟麦 101、机麦 210、光泰 336、联邦 2 号、江麦 869、富麦 709、来麦 201、科大 111、中原丰 1 号、西农 836、温裕 3 号、永优麦 628、永优麦 8838、泛农 11、农大 2018、瑞华麦 528、瑞华麦 549、豫农 806、温禾 902、濮兴 11 号、中育 1702、西农 105、西农 977、郑品麦 27 号、商麦 8、浚禾 5366、宛麦 632、河大 518、昌麦 18、智优 105、濮兴 10 号、咸麦 519、开麦 1606、鹤麦 601、兆丰 18、豫农 605、新选 979、农麦 51、农麦 22、西农 619、春晓 158、徐麦 38

参 考 文 献

[1] 安徽省农业厅. 安徽小麦 [M]. 北京:中国农业出版社,1998.

[2] 曹卫星,郭文善,王龙俊,等. 小麦品质生理生态及调优技术[M]. 北京:中国农业出版社,2004.

[3] 崔德杰,金圣爱. 安全科学施肥实用技术[M]. 北京:化学工业出版社,2012.

[4] 卢良恕. 中国小麦栽培研究新进展[M]. 北京:中国农业出版社,1993.

[5] 孟庆涛. 绿色小麦栽培技术推广与田间管理[J]. 中国农业文摘(农业工程),2022,34(3):94–96.

[6] 农业部小麦专家指导组. 全国小麦高产创建技术读本[M]. 北京:中国农业出版社,2012.

[7] 农业部小麦专家指导组. 小麦高产创建示范技术[M]. 北京:中国农业出版社,2008.

[8] 农业部小麦专家指导组. 现代小麦生产技术[M]. 北京:中国农业出版社,2007.

[9] 时春晨,闻朋. 重粮时代[M]. 北京:中国农业出版社,2007.

[10] 肖世和. 中国小麦产业技术发展报告[M]. 北京:中国农业出版社,2015.

[11] 邢君,汪新国,田灵芝. 安徽省小麦苗情监测[M]. 合肥:安徽科学技术出版社,2014.

[12] 邢君. 关于继续提高安徽省小麦单产水平现实途径的思考[C].安徽省小麦高产攻关高层论坛. 合肥:安徽省农业委员会.

[13] 于振文,王月福,王东,等. 优质专用小麦品种及栽培 [M]. 北京:中国农业出版社,2001.

[14] 张舰. 优质小麦栽培技术与提升种植效益的措施探讨[J]. 智慧农业导刊,2022,2(8):61–63.

[15] 张永平,周洪友,王志敏. 无公害小麦安全生产手册[M]. 北京:中国农业出版社,2007.

[16] 赵广才. 优质专用小麦生产关键技术百问百答[M]. 北京:中国农业出版社,2013.